# Functional Analysis

## A Practitioner's Guide to Implementation and Training

# 功能分析应用指南

## 从业人员培训指导手册

[美] 詹姆斯·T. 乔克（James T. Chok） 吉尔·M. 哈珀（Jill M. Harper）

玛丽·简·韦斯（Mary Jane Weiss） 弗兰克·L. 伯德（Frank L. Bird）

詹姆斯·K. 路易塞利（James K. Luiselli）◎著

蒋天 袁满◎译

华夏出版社

HUAXIA PUBLISHING HOUSE

# 译 者 序

　　功能分析的概念是斯金纳在 1948 年提出的,用来解释行为和环境变量之间的关系。70 年代起,研究人员就开始使用功能分析来进行临床上的研究。Iwata 等人于 1994 年重新发表了他们通过标准化功能分析来研究自伤行为的文献。自此,采用功能分析的方法来研究和干预问题行为被广泛地复制、应用和延伸。这种方式在中文出版物中很少提及,或与功能性行为评估这一上位概念混淆理解。在已有的文字资料中,又强调了功能分析的困难和潜在的安全问题,却在如何解决这些问题上鲜少提及范例。导致一些人对功能分析这个概念不够明晰,又有一些人不敢使用功能分析。本书详尽描述了关于功能分析的各种考量以及如何将这一方法适配于不同人群和情境,填补了中文出版物在此方面的空白。功能分析的应用范围十分广泛,尤其是在孤独症、智力发育障碍、精神分裂症、多重诊断等人群中的严重问题行为的分析上有着不可替代的显著意义。中文出版物中对于严重问题行为的行为评估和处理提及很少,本书的出版也弥补了这一不足。本书的适用范围广泛,学校老师、入户干预师、医院精神科医护等都可以通过学习本书内容对他们服务的个案实施功能评估,提升其服务质量。此外,现任行为分析师、助理行为分析师、精神科医生及临床心理师还可以使用本书所提供的信息对从业人员进行标准化培训,将这一技术传授给更多从业人员。我们期待能够通过本书向大家阐释功能分析的优势,并提供给大家实用的方法在实操环境中能够实施这一技术。

蒋天　袁满

北京

2022 年 3 月

# 目　　录

# 前　言

Iwata 等人（1982/1994）发表的关于功能分析（Functional Analysis，FA）方法的开创性文章已经催生了数百项研究，这些研究记录了功能分析对干预制定和实施的贡献（Beavers，Iwata & Lerman，2013；Call，Scheithauer & Mevers，2017）。事实上，在为儿童、青少年和成人服务的教育和干预环境中，实施功能分析来影响干预决策是行为分析师工作中的一个重要实践标准。

此外，行为分析师认证委员会（BACB）在 2017 年发布的《行为分析师专业伦理执行条律》（*Professional and Ethical Compliane Code for Behavior Analysts*）强调在制定行为减少计划之前进行功能评估，包括功能分析。对问题行为进行功能评估也是认证行为分析师（BCBA）和助理行为分析师（BCaBA）任务清单中的一个应用重点。

尽管功能分析有公认的益处和实践上的要求，但许多行为分析师和其他相关从业者可能只有有限的训练和经验来进行功能分析和评估解释结果。从业者在计划和实施功能分析时，了解并遵守关键的伦理原则和标准也是同样重要的。另一个问题是，当前在最初发表的功能分析方法上已经有了大量的调整和修订，对于不阅读或者难以获得实证研究文献的从业者来说，与这些发展保持同步并不容易。

还要注意的是，即使是有实施功能分析经验的和能够胜任功能分析的行为分析师，也没有现成的训练课程来指导知识较少的从业者，被督导者和学生。最后，有很多程序上的突发事件也可能影响功能分析的结果，但是在文献中并没有解释，也没有包含在常规的训练当中。

《功能分析应用指南：从业人员培训指导手册》这本书解决了之前提到的关于实施和培训功能分析的问题。本书的重点是为从业者提供在功能分析方法应用上的最新信息，这些方法主要针对应用性的服务环境。这本书将会是一本自我指导指南。本书的第二个核心着重点，是为从业人员提供一个可以给学校、医院、中心和服务组织中受训人员和护理人员所用的，培训和实施功能分析的课程。我们预测，这种广泛的覆盖面会吸引大量在其领域负责实践和培训功能分析的行为分析师、行为心理师和行为专家。

每一章都会描述一个指定的培训层级。第二章到第五章首先从培训程序概述、培训步骤总结以及通过该层级要求的标准开始讲述。这些章节包括用幻灯片形式出现的演示图表，并附有培训者须知，可通过出版商的网站免费访问和下载[①]。这些章节的结尾部分是可以复印的表单，例如数据记录表，评分表，小测验和其他与本章节相关的文件。第一章功能分析简介，第六章制图、图表数据解释、管理无规律的数据和第七章督导和指导，因为培训领域和内容的原因，在格式上略有不同。

我们的课程既强调知识，也强调能力运用。因此，受训者不仅要学习功能分析方法的概念，原则和术语，还要学习准确实施功能分析的技能。为了确保受训者在进入每一个能力层级之前都已经熟练掌握了知识和技能，课程在整个培训过程中都对受训人员的胜任能力进行了评量。在课程和章节中，我们用"临床人员"来描述主导功能分析的人，用"治疗师"来描述实施功能分析的人，用"参与者或服务对象"来描述被功能分析评估的人。

基于功能的干预，即由功能分析结果影响的行为改变计划，是我们不讨论的话题。简单来说，全面详细地描述由功能分析衍生出的干预策略这个多层面的过程，超出了本书的范围。读者可以参考一些充分探讨功能分析和干预之间关系的经典书籍（Cooper, Heron & Heward, 2007; Kazdin, 2013; Miltenberger, 2016）。

本书可用于对有智力和发育障碍、精神障碍、脑损伤、神经认知缺陷以及有相关学习障碍和问题行为的儿童、青年和成人实施功能分析。此外，培训课程和方法涵盖了多种环境下的从业人员，如公立和私立学校、日间治疗中心、医院、寄宿服务项目和基于社区的适应训练机构。事实上，书中说明了功能分析的一个优势是在目标人群、表现出的问题和环境中具有可泛化性。

我们在整本书中都特别注意了在安全和遵守伦理的前提下实施功能分析，并

---

① 编注：登录"华夏特教"微信公众号，获取相关中文电子资源。

对培训者和接受服务的个体的独特性保有一定的敏感度。与技术专长一样，计划和实施功能分析与从业者的社会、人际和沟通技巧有很大关系。此外，我们将文化和多样性作为专业实践的主导标准用来指导功能分析的培训和实施。

最后，本书提出了全面的训练课程，最好按照给定的层级顺序进行实施。但是，一些从业人员可能只想根据特定的训练目标，突出培训个别章节中的某一些部分。同样，我们的演示材料也可以按照书中所示顺序进行培训，或为了达到最大效果进行调整。就像功能分析本身一样，我们在设计和实施培训、进行分析，以及监督学生学习和实践时，要鼓励创造性，批判思维和革新。我们的愿望是本书能够实现这些目标，并对专业人员的实践做出一定贡献。

# 第一章　功能分析简介

**概述**

本章回顾了当代功能分析方法的早期发展和影响因素，包含实施功能分析时的几个伦理问题，如安全、培训、督导以及与医疗专家进行的合作。

**关键词**

应用行为分析；实验评价；功能分析；培训课程；受训者督导

# 历史概述

在干预诊断为孤独症以及其他障碍的学生时，功能评估/分析是行为分析实践中的一个重要元素。这项技术使人们能够识别问题行为的功能，并将 ABA 领域与过时的行为矫正方法区分开来。现在，临床人员并不是简单地降低行为的干扰程度，而是寻求这些行为出现和持续发生的原因，并通过努力改变环境，减少行为与环境的相关性进而降低行为的发生可能。

功能分析通过对环境变量的系统操作，来确定那些对维持问题行为起作用的变量。关于功能分析方法的文章，Iwata 等人在 1982 年、1994 年的这篇被引用最多。以下是对这篇开创性文章之前文献的回顾。

Bijou 等人（1968）首次提出将行为的描述性和实验性分析结合起来。作者建议使用描述性数据为实验评估提供信息。从本质上讲，Bijou 等人为后来提出正式功能分析方法铺设了道路。"描述性研究只提供关于事件及其发生的信息，不提供关于事件的功能属性或事件之间的功能关系的信息，而实验性研究提供"。

1964 年，Allen 等人第一次发表了系统地引入和撤除社会注意的实验论证。参与者是一名年轻女孩，她主要是与所处环境中的成年人进行互动。为了增加她与同龄人的互动，成人的注意是以她与同龄人的互动为条件的，当她独自玩要或寻求成人的关注时，不给予关注。当成人在她和同伴互动之后紧接着给予注意，她的同龄人互动则增加到了高水平，如果成人在没有任何条件的情况下都给予注意，则互动会下降到基线水平。

1969 年，Lovaas 和 Simmons 在三名参与者的自我伤害行为中，将注意作为一个潜在控制变量进行系统的评估。注意的消除致使三名参与者的自伤行为大幅减少。这表明，注意至少是三个参与者中两个人持续这种行为的一个控制变量。由于在实施行为消失策略时，经常观察到问题行为（本案例中的自伤行为）的初始增加，作者对三名参与者中的两名进行了惩罚程序（电击），因为继续自伤会使他们处于危险之中。

Schaefer（1970）在研究近似于打头和攻击行为（用爪子击打笼子边）的塑造时，对这些基本步骤进行了复制。利用食物强化，Schaefer 在操作箱中塑造了两只恒河猴的这两种反应。这项研究为操作后果对某些行为的潜在影响提供了进一步的实证证据，加强了特定行为是其后果的功能的可信度。

Carr（1977）将环境变量的系统操作扩展到注意正强化之外。这项研究将社会注意、获得实体物品、逃脱厌恶事件和感官刺激作为自伤行为的潜在控制变量进行考察。在这项研究中，可能影响行为的环境变量的范围被扩大，包括与问题行为普遍相关的各种后果。Carr 的成果是功能分析方法标准化发展的铺垫，其重点是明确操作可能对行为的维持负责的结果。行为分析师开始将这种评估视为确定行为功能的一种方法，也就是说，这种方法用来理解为什么该行为会发展成这样，并维持在这个个体的行为库①中。随着研究者对用环境变量来解释行为的重视，从环境调整来影响和控制这些行为的能力在概念上也得到了明确。

## 标准化功能分析方法

Iwata 等人（1982/1994）展示了如何用形式化的流程来确定行为维持的变量或功能。每次流程中的时长和其他要素都是设定好的。作者通过操作定义和技术描述了一种旨在评估每一个功能的影响的技术。这项研究既测试了评估行为功能的程序的使用，又肯定了行为是其后果的功能。

---

① 译者注：行为库，behavior repertoire，即个体所有行为的集合。

在这个程序精彩的变化中，当问题行为发生时，这些研究人员有条件地给予假设的维持变量。在不同情境下对比行为发生的频率，就有可能确定与较高行为频率相关的环境因素。从实验的角度来看，它允许对个别变量进行隔离。训练师可以看见他人的关注是如何影响目标行为的，或逃避要求是如何影响目标行为的。

这项技术很独特，并在临床上具有反直觉性。这项技术也非常有效，以前所未有的清晰度揭示了环境因素和行为之间的关联。这项研究实际上彻底改变了人们理解和评估行为的方法。它还带来了一系列新的伦理考量。强化问题行为，就其本身而言是不寻常的，在实施中也带来了一些重要的风险。此外，实施功能分析本身也是一种新的能力，需要全面的培训和持续的督导。在这项研究之后的几十年里，标准化的功能分析技术经受住了时间的考验，在几十项研究中得到了经验性的验证，并成为评估和干预严重问题行为的金标准方法。这项方法的伦理考量现在已被充分理解，这对安全和有效地使用功能分析程序至关重要。

几个首要的主题对功能分析能够道德、安全以及有效地实践十分重要，包括建立一个安全和人性化的评估和干预环境，为进行这些程序的工作人员提供足够的培训和督导，并与医疗工作人员合作，解决在实施功能分析和计划干预过程中需要注意的医疗方面的变量和考虑。

## 安全方面的考量

在使用程序时，最重要的考量是要使用安全、人性化和适合环境与行为表现的程序。随着这个领域的发展，现在已有许多程序可用于实施功能评估。因为功能分析程序的设计就是为了在人为环境中引发更多的问题行为，所以有一些程序可能会有更多的风险。在这些程序之中，发展出了一些可以限制风险的变体程序。例如，一个基于潜伏期的功能分析（latency-based FA）（在目标行为第一次出现后终止程序），比传统的功能分析（以目标行为的频率为衡量标准）带来的物理风险要小。当出现的行为是危险的，如自伤或者攻击性行为，可以选择基于潜伏期的功能分析。

此外，可以通过其他方式来改变程序以减少风险，包括缩短程序的时间。与传统的 10 分钟或更长的单次回合相比，2 到 5 分钟的回合也被证明是有效的评估。同样，还可以通过为参与者和临床人员添加保护设备来降低风险，减少行为本身所带来的躯体伤害。

有时，干预团队可能会认为功能分析太不安全，他们可能会选择其他行为作为目标，或选择间接程序来记录数据。例如，通过前兆行为①来评估。通过这样的方式，行为本身可能会被预防，评估也会着重地关注行为链中较早的行为。另外，评估可能会关注一个替代行为，比如"功能性沟通反应"（functional communication response, FCR）。训练师可能会研究哪种功能性沟通反应在受控条件下更有可能发生，以稍微不同的方式去支持关于行为功能的假设。最后，干预团队可能会选择一个不涉及环境操控的间接评估，并可能仅从使用间接或自然的评估来推断出功能。虽然这不是首选，也不像功能分析程序那样准确，但它可能是最安全和最有效的方法，有时也是最佳选择。

与行为分析实践的其他要素一样，个性化设置才是金标准，也是优秀实践的决定性特征。功能分析是一套复杂的技能，它是为了干预专业训练师每天都会遇到的复杂问题行为而设计的。功能分析的技能组有细微差别又高度个性化，在应用时需要谨慎和勤奋。

## 培训方面的考量

如上所述，功能分析是一个复杂的程序，并具有内在的风险。训练师必须对自己的能力水平保持诚实，并要留心自己在设计和实施功能分析时是否需要帮助。训练师实践的一个标志性的伦理准则是，只在自己的能力范围内实践。简单地说，训练师只能做他们知道怎么做的事情，不参与他们没有训练过的、缺乏受督导的实践和临床能力的专业活动。这一点在功能分析的内容中很重要，特别是由于程序所带来的风险。

训练师必须不断检查他们的胜任能力能多大程度的匹配参与者的临床需求，和干预其他有困难的要素。如果需要额外的专业知识，训练师应该表达出自己的担忧，并请求额外的资源、支持或咨询。

---

① 前兆行为（precursor behavior）指行为发生前可能对该行为有影响的另一个行为。例如，孩子每次拍桌子之前都会将手放在嘴巴里，手放在嘴巴里就是拍桌子的前兆行为。

开展功能分析的机构必须支持训练师获得和保持临床的胜任能力。并在需要时提供额外的培训和支持。此外，机构应向被要求、期望执行功能分析的工作人员提供全方位的培训。

培训应包括概念和实践两方面的内容，培训者应该面对在实施功能分析时的实际困难。我们的课程就是基于这种终极技能而设计的，并提供了细节化实施实验性功能分析的练习。我们鼓励各个机构去培养和督导发展这样的功能分析技能，鼓励培训人员在实践环境中进行指导，并不断询问工作人员是否准备好，是否适应好来进行这种评估。

督导是一项特别关注的问题，在实施功能分析程序之前，应该对工作人员的胜任能力进行评估。同样重要的是，在评估过程中，培训人员应密切监测程序的实施以及成人和儿童参与者的医疗和行为状态。

## 医疗方面的考量

在计划和实施功能分析时，训练者应与医疗专业人员进行合作，就健康问题和问题行为的出现或变糟讨论潜在的医疗解释。由于身体疼痛或不适产生的问题行为并不罕见。例如，耳部感染可能会导致自伤行为。季节性过敏可能使一个人容易产生攻击性。肌肉损伤可能会导致不顺从任务安排或不愿意参加活动。对任何个体而言，生物学和行为之间的联系都是一种复杂的互动。了解生理状态和过程对问题行为的作用是一项额外的技能，这需要跨学科的合作与评估。

特别重要的是，当出现新的问题行为，当行为突然变糟，或者当行为规律可能重新出现时（例如，季节变化），应考虑医疗因素。训练师有义务评估此类共病的情况，并确保其作为综合计划的一个部分能得到充分的干预。这应该作为全面评估的一个部分，并在制定正式的评估和干预之前进行。

评估本身也有医疗方面的考虑。即便所使用的方法是为了减少相关问题行为出现（例如，基于潜伏期的功能分析），在任何功能分析过程中都有可能出现问题行为。医疗风险是选择程序时的一个考量因素，应该由整个团队讨论决定。此外，在执行任何评估程序中，以及作为干预方案的一部分时，都应当向医疗人员咨询是否需要使用保护设施。另外，在实施功能分析期间可能需要医务人员在场，以评估躯体的损伤，检测此时行为对躯体的影响，并出于医疗原因改变或终止评估。

## 总结

功能分析方法证实了环境因素和行为之间存在功能性关系。它彻底改变了问题行为的干预方法，并明确证明行为可以被环境条件影响甚至被控制。早期的行为分析师证明了有条件地提供注意可以减少问题行为和增加社会性行为。Carr（1977）扩大了环境变量的范围，以评估其对问题行为频率的影响，增加了实体物品、逃避和感官刺激。Iwata 等人（1982/1994）利用被称为标准化功能分析的方法来系统地评估这些结果的依联影响。功能分析方法的许多变体，允许在评估过程中增加和细化这种个性化评估。实施功能分析所需的技能是复杂的，它需要大量的培训和严格的监督和督导。在前序评估（preassessment）[①]和功能分析的过程中必须解决医疗问题。安全上的考虑也是重中之重，必须是训练师考虑的首要问题。功能分析是一项高效能的技术，它对提高行为分析干预效果有巨大的潜力。保护措施对于确保合格和安全地使用功能分析非常重要。

确认和使用安全并有效的程序是任何行为分析实践环境中的目标，功能分析也不例外。该技术已经朝着令人振奋的、创新的和专业的方向发展，大大增加了我们理解和干预最困难的问题行为的有效性。有效的干预来自精心设计，适应当下环境，并与最优实践指南保持一致的评估。

对个人或组织来说，致力于安全和缜密地实施功能分析非常重要。在安全的前提下，应该考虑使用功能分析的变体程序来减少风险。在实施功能分析时，必须对员工进行培训和督导，以降低功能分析对参与者和从业人员的危险。还应向医疗专业人员咨询行为本身的问题，和确保评估过程安全的程序。

功能分析的技术是高效能的，它使个体层面的干预更加有效。行为分析的优势在于其在个体上如何应用这项科学，而功能分析这个工具是个性化如何能够促使高效和有效干预的重要例子。只要在实施这项技术时恰当关注安全与伦理，具有社会重要性的变化就会比以往任何时候都更加触手可及，而每个学习者的终极目标也更容易实现。

---

① 前序评估（preassessment），即在进行功能分析前所收集的基础信息。

# 第二章　实施标准化功能分析

**概述**

本章介绍了功能分析培训课程的第一层级，包含功能分析情境的主要特点、安排功能分析回合、受训者需要进行的练习活动和模拟训练。

**关键词**

应用行为分析；实验评价；功能分析；培训课程；受训者督导

## 培训步骤概述

这一层级的课程旨在帮助受训者更自如地实施标准化功能分析。培训从互动的幻灯片演示开始，其中描述了功能分析中每一种情境的主要特征。介绍完每一种情境后，受训人有机会与培训师一起练习每个环节中的基本内容。这部分课程的实施可能需要一些材料，比如逃避情境下的学习材料，注意和游戏情境中的玩具，还有实物情境下的休闲用品。培训师示范每个情境下的主要组成部分，包括安排环境、开始实施、对目标行为做出的反应和忽略非目标行为。然后，受训者主动练习这些基本组成部分。培训师在这一过程中提供反馈，来强化正确的反应和修正不正确的反应。

当培训师以这种方式讲授完每一个标准化功能分析下的情境，受训者应该对如何在每一个情境中设置环境有了基本了解。接下来，我们将引入一个循环活动，以加强对这些技能的泛化和灵活运用。在这个活动中，受训者要随机挑选一个情境进行练习，并能对问题行为进行操作性定义。因此，受训者需要在现场练习任一情境，并对其他受训者扮演的儿童或成人，以非剧本的方式发出的不同问题行为做出相应反应（即，其他受训者决定何时发出问题行为，发出非目标行为的形式也自己决定）。培训师将记录扮演治疗师的受训者的表现数据，而另一名受训者则扮演有问题行为的参与者。评估受训者正确安排环境、说出正确的区辨刺激（S<sup>D</sup>）、当目标行为发生时提供恰当的结果、忽略分散注意力行为的能力。每个受训者的成绩都记录在循环练习课的数据表（见表2.1）上。受训者需要在功能分析的五个情境（注意，逃避，游戏，实物，独处）中成功地、诚实地展示自己的技能。每个回合应持续约 1 分钟，以便有足够的时间让受训者对问题行为和分散注意力的行为做出反应。

循环活动之后，受训者在四种按照脚本来进行的社会性情境下，实施完整的模拟功能分析评估。这些脚本使得每个受训者的训练过程标准化，以便他们在每一个评估过程都对相同数量的目标行为和非目标行为做出一样的反应。每个脚本的时长为 5 分钟，这更接近于对参与者进行评估时的长度。不同情境的脚本可参照表 2.2～表 2.5。表现数据表被记录在模拟情境反馈表上（表2.6～表2.9）。受训者在每个情境中的表现都总结记录在模拟情境表现总结表上（表2.10）。表2.11 显示了培训模拟情境的任务分析，为培训师提供完成这部分课程的逐步指导。一旦受训者达到了执行评估的标准，他们将与培训师一起安排时间对参与者实施功能分析，这部分将在下一章进行具体介绍。接下来对培训步骤进行简单的介绍，以及说明通过这一层级的标准。

## 第一层级的培训步骤

1. 培训者展示互动性的幻灯片，内容包括功能分析中每一个情境的简短演示。

2. 进行一系列的角色扮演练习，循环练习中每一个受训者的表现顺序都将被记录在表上（表2.1）；受训者在每个功能分析情境中必须达到100%的标准，才可以进入到下一个层级难度。

3. 培训师通过标准化的脚本来进行模拟功能分析评估的培训。

按照训练模拟情境的人物分析，参照表2.11 来指导你完成这部分的课程。

4. 只要学员达到合格标准（参照表2.10 模拟情境下的表现汇总表），他们就能进入培训课程的下一层级。

5. 我们为培训师准备了模拟参与者行为的脚本（见表 2.2～表 2.5），并使用反馈表对受训人的表现进行评分（见表 2.6～表 2.9）。

### 通过第一层级的标准

- 在循环角色练习活动中，在每个情境中的每个回合都能获得一百分（注意、逃避、游戏、实物、独处/忽略情境）
- 在模拟的情境中，在注意、逃避、游戏和实物情境中获得90%或更高的分数

## 实施标准化功能分析回合

20世纪80年代初，Iwata等人（1980/1994）开发了一种技术来尝试了解个体为什么要进行某些行为。这种首次对功能进行实验分析的标准化方法考察了四种情境：注意、游戏、逃避和独处情境。注意情境使得实践者能够评估行为是否通过获得他人提供的注意而维持。例如，个体可能会大喊大叫，因为这会使照护者走近并与自己互动。逃避情境能让从业人员评估逃避厌恶事件是否在维持该行为。例如，大喊大叫可能会让照护者移除在之前提出的任务。游戏情境作用为一项控制变量，在这个过程中，个体可以获得注意，并且没有被要求做什么。此操作试图创建一种环境，在这种环境中，如果问题行为是由社会性结果所维持的，那么这种问题行为的动机就会降低到微乎其微甚至没有。有时，个体可能会因为社会性结果之外的原因产生某种行为。例如，这个行为本身可能会产生强化后果（例：吼叫行为在走廊上产生了回声）。因此，在最初的功能分析评估中包含了一个独处情境，让从业人员能够评估自动强化是否会维持这个行为。

### 行为的功能

功能分析的目的是确认哪一种依联是在维持行为。这可能是一种社会性质的正强化所形成的依联，如，获得注意力或提供物品。另外，它也可能是一种由自动正强化维持的依联，即在行为发生之后会发生一些让人愉快的感官刺激。

在厌恶状态减少或者移除时，负强化的依联会起作用，如个体发生攻击行为后移除原本的任务或要求。也可能是环境很嘈杂导致问题行为，例如跑到一

个能够获得安静的环境。个体按响指关节可能是自动负强化依联起作用，行为本身让厌恶的东西减少了（手指的疼痛/紧张）。这个过程有时被称为感觉衰减（sensory attenuation）。接下来，我们将通过几个例子来帮助区分自动正强化和自动负强化。

## 自动负强化的例子：扳响指关节

我们花一些时间来想一想个体在按响指关节这个行为之前的前事状态。对一些人来说，他们将之描述为一种不舒服的状态，而按响指关节可能会减少这种不舒服的感觉。如果这些是这个行为周围的环境条件，我们会得出一个结论，指关节发响是由自动负强化维持的。在自动负强化中，行为本身会产生环境变化，致使行为之前的厌恶状态减少。

## 自动正强化的例子：在蹦床上跳

也有可能在某一些情况下，行为本身会产生令人愉快的结果。例如，我们可能注意到一个孩子坐在体育馆里，环境中并没有什么刺激。然后孩子开始在蹦床上跳。我们可能会注意到孩子在微笑或者大笑，孩子可能会说自己这时"很开心"。如果我们相信这种行为产生的后果是令人愉快的，就能得出一个结论，在蹦床上跳是由自动正强化维持的。现在让我们来看看每个社会性功能的环境都有什么变化。

## 注意（$Sr^+$）

在注意情境中，你测试的是社会性正强化。环境设置是一个注意力匮乏（deprivation）的环境。把这个想成是动因操作（MO）或建立型操作（EO）。动因操作是将强化物设定在更高价值上（建立型操作）或降低其强化效果，也就是让强化物的价值更低（废除型操作）。最初的教学或区辨刺激，是治疗师出现在当前环境，并说"这是一些可以玩的玩具；我有一些工作要做"，这预示出现问题行为就可以得到注意强化。然后治疗师为孩子提供偏好适中的玩具，并将自己的注意力转移到阅读材料上。如果目标行为发生，治疗师会提供潜在注意强化物，例如：以不安的语气说"嘿，不要那样做，你会伤害到你自己的", 同时提供 3～5 秒的肢体关注（physical attention）[①]。

这种情况下, 治疗师会给予参与者一些肢体上的关注和简短的言语关注。治疗师要立即接近参与者提供这种注意, 之后再从他们身边转身走开。花点时间思考这个"反应 – 强化"关系。治疗师试图让参与者明白, 只要当他或她出现问题行为, 治疗师则会立即根据这个行为提供强化物。当他或她停止这个行为时, 治疗师则会停止给予关注并离开。这种方式建立了一个注意情境的依联。依联的意思是"取决于"。在功能分析的注意情境里, 随目标问题行为的发生而提供注意是唯一的方式。

## 实物（$Sr^+$）

在 Iwata 等人（1980/1994）提出标准化功能分析方法之后的几年里, 实物情境作为另一个被临床和研究人员经常使用的情境得到了发展。实物情境是另一个测试社会性正强化的评估。这一情境的构成方式在不同的研究文献中有所不同, 所以选择了我们认为最好的方式做。在这一情境中, 给予参与者偏好度很高的物品一分钟。在评估开始前的时间里, 目标和非目标行为都被忽略。在评估开始时, 治疗师会拿走实体物品（如, 玩具、食物和活动）, 这些物品作为区辨刺激, 标志着在目标出现问题行为之后, 有可能得到实物强化物。剥夺实物是一种建立型操作（如果实物确实是一种强化物）。获得实物则是一种废除型操作。让我们来看看一个关于冰激凌的日常例子。

## 建立型操作的例子：得到冰激凌

思考一下建立型操作是怎么在你喜欢的东西上运作的, 例如, 冰激凌。如果距离你上一次吃东西已经很久了, 具体一点说是冰激凌, 然后你被告知"如果你完成这五个任务, 你就可以吃一碗冰激凌", 你可能会很快完成这五个任务, 因为你现在对食物是匮乏状态。在你吃了一碗冰激凌之后, 我们假设你饱了。如果有人对你说,"我给你另外五个任务, 做完了你能再吃一碗冰激凌", 这时冰激凌的强化效果就会降低, 因为你已经吃了很多了（获取了强化物, 并且达

---

[①] 译注：肢体关注（physical attention）, 以肢体接触的形式提供的关注。例如, 在与学生说话时, 将手搭在学生的肩膀上。

到餍足的临界点）。因此，你参与完成任务的积极性会降低。

## 实施实物情境评估

就如何实施实物情境的评估，治疗师首先要在有时间限制的前序时段提供实物。在这个时候，治疗师并不收集数据；从技术上来说，评估在收集数据时还没有开始。治疗师当然可以观察当前发生了什么并且记一些笔记，但如果是为整个过程制作数据图表时，前序期①里发生的行为并不包括在内。当实物被拿走时，评估就正式开始了。如果参与者出现了目标行为，治疗师会在特定时间内将实物归还，如 20 秒内。当这段行为结束了，治疗师会再次拿走实物，然后根据问题行为再次出现的情况将其归还。在剩余时间里，一直遵循这个规律进行评估。

## 管理实物情境中的其他行为

一旦治疗师开始忽略目标行为之外的其他行为，那就应该准备好面对许多状况。假设我们重点关注的行为是攻击他人。参与个体可能会出现非目标的问题行为，例如自伤行为（SIB）。这时，治疗师不会再提供接触这些物品的机会。参与者如果以恰当的方式要求获得这些物品，治疗师也同样不会提供。当参与者发生目标行为，攻击他人，这个治疗师应当立即根据此行为提供实物强化。这样就允许去教学这个"反应—强化"的关系。一旦个体做出反应，治疗师就提供强化物。

参与者也许会试图从治疗师那里抢夺实体物品。出现这种行为时可能需要改变此情境的实施效果。例如，治疗师可以准备一个带钥匙的小箱子，把材料拿走，然后放在箱子里，锁上，然后推开。治疗师也可以选择一个自己能更好控制的高价值强化物。比如，使用遥控器来开始和停止一个喜欢的视频，也就是说在前序期结束后，治疗师可以按下暂停键，并将遥控器放进自己的口袋。这里的关键是，治疗师对终止强化必须有控制权。如果不能控制对强化物的获得，评估的内部有效性就会受到影响，因为该流程没有按照原定计划实施。

---

① 译注：前序期（presession period），指正式开始实施评估前的时间段。

## 要求（Sr⁻）

逃避条件是对社会性负强化的测试。治疗师的在场、使用的学习材料和"我们来做一些作业吧"的指令，都是区辨刺激，标志着在出现问题行为之后就可以逃脱当前环境。在提出中等难度的要求时，建立型操作就会起作用，我们可以认为这是一项参与者可以达到 50%～70%准确性的任务。这些类型的要求应该提出足够的挑战，以创造一个前事情境，使得参与者有足够的动因去逃避。如果要求过于厌恶，你可能会观察到高等级的情绪反馈，这可能会增加实施评估的难度。如果要求很容易，那么针对问题行为的建立型操作（EO）可能就不足。移除任务是一种负强化。

## 实施逃避情境评估

治疗师通过和孩子说一句话开始评估，比如"是时候做一些任务了"，并展示任务，随后治疗师从使用最少到最多的辅助（独立、示范/手势、全躯体辅助）开始进行教学，例如，"鲍比指着紫色（独立）；像我一样指着紫色（示范）；让我帮助你指着紫色（全躯体）"，辅助之间间隔 3～5 秒。如果参与者遵从口语或示范/手势辅助，治疗师就给予热烈的表扬，如"干得好，这就是指着紫色"。如果需要全躯体辅助，治疗师应以中立的语气说明参与者所做的事情，如"那是指着紫色"。在全肢体辅助的陈述和初始指令、示范辅助相关的表扬之间，应该有一个对比，来帮助参与者区分这两种不同的描述。如果参与者出现目标问题行为，治疗师应移除任务，并提供 20 秒的时间让其逃避。

如果在逃避间隔期间发生了目标行为，治疗师可以重置逃避间隔或者让间隔过去，返回到指令中，然后在第一次出现目标行为后再次移除任务材料。具体如何执行这个程序要看治疗师的选择，但必须明确规定好程序，以便每一个人都以同样的方式进行评估。在解释结果时，考虑顺序组合是怎么影响结果的，这一点很重要。

## 自动强化（Sr⁺ 或 Sr⁻）

注意、实物和逃避情境都是在测试维持问题行为的社会性强化物。最后一个需要考虑的情境是"也许这与我无关"的情境。这种忽略或独处的情境是对自动强化的测试，也就是一种确定目标行为是否由行为本身产生的后果所激发的方法。典型通过行为来产出强化结果的例子，包括把频道转到音乐电台，刻板动作，在网站上选一个喜欢的视频，和翩翩起舞。

考虑一下这个例子：一个孩子来到你的机构，他有破坏物品的历史。他会把东西扔得到处都是，自然而然地，当老师给他学业任务时，例如塑封好的卡片，他拿起这些卡片就扔掉，这些卡片被扔得到处都是。老师气喘吁吁地捡起材料，并把它们重新交给这个孩子。一拿到卡片，他又扔得到处都是。你直接的想法可能是："这个孩子不想做作业！他破坏物品的行为是由逃避维持的！"

然而，你需要在这件事情上多一些思考。在这个环境之外花一些时间与孩子相处。同时也让临床人员花一些时间和孩子在一起，分别观察他的行为，然后回来对比一下你们各自的记录。也许这个男孩只是喜欢看东西在空中飞。如果是这种情况，在一个独处情境里，我们可以在房间内放满学习材料，然后离开观察区域，再观察孩子在做什么。如果他在独处的时候同样把材料扔来扔去，可能这种行为与逃避无关，而是由自动强化维持的。

这是研究者们都亲眼见过的情形。我们评估了一个男孩，他会把卡片扔向天花板，让卡片卡在那里，然后他跳起来去拿。他会把卡片扔向身后，扔向上方，同时大笑。在独处情境中，他这样扔卡片扔了整整30分钟。没有任何社会性强化的情况下，这种行为仍然存在。这就是独处情境的目的。它帮助你确定该行为在没有社会性结果的情况下是否会发生，这为自动强化的功能提供了证据。

## 实施独处情境评估

当实施独处情境评估时，房间内没有任何人去提供任何社会性强化，这消除了治疗师在场所显示的潜在区辨刺激。如果社会性强化是维持行为的原因，那么独处情境中的问题行为就会减少。需要注意的是，仅仅确定了一个行为是由自动强化维持的，这并不能排除社会性强化也可能是维持变量的可能性之一。一个行为可以有多个功能。

## 对忽略情境的额外考量

始终要记住，虽然你在忽略行为，但你仍需监测安全并确保你不会将参与评估的儿童、成人或你自身置于危险的境地。如果你正在评估的个体有拽头发的非目标行为，你就要加入安全措施的要素，例如，带一个泳帽或者穿一件戴帽运动衫。如果拽头发是目标行为，你可以考虑带上假发或者接发。你要确保自己没有忽略掉这些安全考量。如果你正在分析参与者跑走的行为，确保你有一个可以进行评估的区域，以降低参与者跑走相关的危险（例如，在一个上锁、偏僻的空房间而不是在一个靠近出口的繁忙区域）。忽视自动维持的严重自伤行为（SIB）可能会造成很大的危险隐患（例如，挖眼睛或咬没有愈合好的开放性伤口）。不仅仅是忽略情境，在所有情境中都要做这些安全考量。例如，在实物情境中，如果你研究的是自伤行为，你还需要考虑如何在参与者出现攻击性行为时保护好自己。

## 游戏（控制）情境的概述

最后一个要谈的情境是控制情境，也叫游戏情境。在这种情境下，治疗师会尝试通过去除所有潜在的社会建立型操作，比如稳速提供关注，提供喜欢的物品，并且不提出任何要求。这种情况下，如果问题行为是由社会性结果维持的，就应该没有什么动机。自动结果维持的行为，例如吹口哨，或某种形式的刻板动作，就算无条件提供任何社会性强化物，也可能会继续发生。如果强化物是社会性的，那么在这种情况下，应该有废除型操作起作用，因为这里没有对正强化的匮乏，也没有厌恶前事情境的出现。

## 实施游戏情境评估

已有文献中设置控制/游戏情境的一种方式是在一个固定的时间段内提供注意，以及根据（评估对象的）要求或请求提供注意。治疗师按照固定程序表的设定来提供注意，之后，如果参与者主动吸引关注，例如说"哦，看看我的玩具！"治疗师可以回应"我喜欢它！"如果参与者把玩具举到空中，治疗师可以说"好酷的玩具！"在这里，治疗师并没有消除恰当的，由注意维持的行为。相反，他或她是在强化恰当行为，同时也在按照固定程序所设定的提供注意，以防参与者在要求关注方面效率不高。游戏情境中，对目标反应没有既定的结果，如果治疗师根据固定程序的安排提供注意，但问题行为还是发生了，就应有 5 秒的延迟等待，再根据固定程序的安排提供注意。

# 本章中提及的表格和表单

以下是本章中提到的表格。这些表格可以复印，以便在培训中使用。

### 表 2.1 循环练习数据记录表

日期：_____

| 工作人员 | 功能分析情境 | 正确安排前事环境 | 正确提供区辨刺激（S$^d$） | 正确地为目标行为提供结果 | 忽略分散注意力的情况 | 是否通过此情境（满分100） |
|---|---|---|---|---|---|---|
| | | | | | | |
| | | | | | | |
| | | | | | | |
| | | | | | | |
| | | | | | | |
| | | | | | | |
| | | | | | | |
| | | | | | | |
| | | | | | | |
| | | | | | | |
| | | | | | | |
| | | | | | | |
| | | | | | | |
| | | | | | | |
| | | | | | | |
| | | | | | | |
| | | | | | | |

### 表 2.2　注意情境中的功能分析脚本

目标行为：自伤行为（张开手掌击打头部或咬手腕）

| 0:05 | 用手拍打头的一侧 |
|---|---|
| 0:10 | 膝盖撞在桌子底部 |
| 0:15 | 击打了三次头部 |
| 0:55 | 双手用拳头敲击桌子 |
| 1:10 | 攻击工作人员,拍打他们的一只手臂 |
| 1:50 | 用拳头挤压头部,闭眼 5 秒 |
| 2:10 | 攻击工作人员,击打其手臂 |
| 2:20 | 咬住右手腕 3 秒 |
| 2:30 | 用右手拍打头部一侧 |
| 3:00 | 双肘撞向桌子 |
| 3:10 | 咬住右手腕 3 秒 |
| 3:20 | 张开双手击打头部两次 |
| 3:30 | 咬住手腕 3 秒 |
| 4:05 | 伸手把学习材料从桌子上扫开 |
| 4:15 | 两次徒手击打头部 |
| 4:25 | 单手击打头部 |
| 4:30 | 把头按在桌上 10 秒 |

### 表 2.3　逃避情境中的功能分析脚本

目标行为：自伤行为（张开手掌击打头部或咬手腕）

| 0:00 – 0:10 | 正在做学业任务 |
|---|---|
| 0:10 | 将学习材料从桌上扫到地上 |
| 0:20 | 徒手击打头部两次 |
| 0:30 | 徒手击打头部一次 |
| 0:40 | 把头放在桌上 |
| 0:50 – 0:55 | 把头抬起来，看向学业任务 |
| 1:10 | 徒手击打头部三次 |
| 1:20 | 用拳头挤压头部，闭上眼睛 5 秒钟 |
| 1:50 | 膝盖撞在桌子底部 |
| 2:05 | 咬住右手腕 3 秒 |
| 2:15 | 用右手拍打头部一侧 |
| 2:30 | 双手握拳敲击桌子 |
| 2:35 – 2:40 | 无视指令 |
| 2:40 – 2:45 | 无视指令 |
| 3:00 | 攻击工作人员，拍打他们的一只手臂 |
| 3:10 | 攻击工作人员，打其手臂 |
| 3:20 | 用右手拍打头部一侧 |
| 4:00 | 双肘撞向桌子 |
| 4:10 | 咬住手腕 3 秒 |
| 4:20 | 两次张开手掌击打头部 |
| 4:25 | 咬住手腕 3 秒 |

表 2.4　游戏（控制）情境中的功能分析脚本

目标行为：自伤行为（张开手掌击打头部或咬手腕）

| | |
|---|---|
| 0:05 | 将学习材料从桌上扫到地上 |
| 0:10 | 咬住手腕 3 秒 |
| 0:30 | 咬住手腕 3 秒 |
| 0:50 | 双手握拳敲击桌子 |
| 1:10 | 攻击工作人员，拍打他们的一只手臂 |
| 1:15 | 和他人有眼神对视，说"请帮帮我" |
| 1:30 | 用双手击打头部一侧 |
| 1:35 | 咬住手腕 3 秒 |
| 1:50 | 用拳头挤压头部，闭上眼睛 5 秒钟 |
| 2:10 | 单手击打头部 |
| 2:15 | 双手击打头的一侧 |
| 2:30 | 把头放在桌子上 |
| 2:35 | 踢桌子 |
| 2:55 | 咬住右手腕 3 秒 |
| 3:15 | 咬住手腕 1 秒 |
| 3:20 | 用脚踢工作人员 |
| 3:35 | 递给工作人员一个玩具，玩 5 秒钟 |
| 3:50 | 双肘撞向桌子 |
| 4:05 | 用手拍打头部一侧 |

## 表 2.5 实物情境中的功能分析脚本

目标行为：自伤行为（张开手掌击打头部或咬手腕）

| 0:00 – 0:10 | 恰当地玩玩具 |
|---|---|
| 0:10 | 用双手拍打桌子 3 次 |
| 0:15 | 用手打头的一侧 |
| 0:30 | 尖叫 2 秒 |
| 1:00 | 用膝盖撞桌子 |
| 1:10 | 咬住手腕 |
| 1:25 | 拍打头的一侧 |
| 1:35 | 踢工作人员 |
| 2:05 | 拍打头的一侧 |
| 2:45 | 咬手腕 |
| 2:55 | 踢桌子 |
| 3:15 | 拍打头的一侧 |
| 3:25 | 尖叫三秒 |
| 3:45 | 用一只手拍打头的一侧 |
| 3:55 | 咬手腕 |
| 4:25 | 试图从临床人员手中抢夺材料 |
| 4:35 | 有眼神对视时，打手语示意"更多" |
| 4:45 | 拍打头的一侧 |

### 表 2.6 标准化功能分析情境反馈表（注意情境）

日期：_____ 受训人：_____ 培训人：_____

| 注意情境 | | |
|---|---|---|
| 正确反应 | 存在（＋）或 没有（－） | 总体正确率 |
| 服务对象和治疗师在一个房间内，有适度喜爱的物品 | | （满分1分） |
| 治疗师开始本回合的计时器 | | （满分1分） |
| 治疗师说"我有一些工作要做，"拿起一本书，然后离开服务对象至少5英尺远 | | （满分1分） |
| 治疗师在目标行为出现之后提供 3－5 秒的关注（身体和语言的关注） | | （满分9分） |
| 在提供关注后，至少走到5英尺以外的地方阅读自己的材料。 | | （满分9分） |
| 忽略非目标行为（每次发生时） | | （满分8分） |
| 总正确率 $\left(=\dfrac{"+"的计数}{"+" \quad "-"总计数}\right)$ | | （满分29） |

总正确率 ≥ 90        是    否

### 表 2.7 标准化功能分析情境反馈表（逃避情境）

日期：_____ 受训人：_____ 培训人：_____

| 逃避情境 | | |
|---|---|---|
| 正确反应 | 存在（＋）或 没有（－） | 总体正确率 |
| 治疗师开始本回合的计时器 | | （满分1分） |
| 为服务对象出示具有挑战性的任务，并以连续的速率进行 | | （满分1分） |
| 对正确的反应进行口头或动作表扬 | | （满分10分） |
| 如果需要全部肢体辅助的话，则用中性的方式做出反馈（"那是紫色的"） | | （满分9分） |
| 服务对象出现问题行为后，移除任务并转身离开服务对象 | | （满分9分） |
| 忽略非目标行为 | | （满分8分） |
| 问题行为没有出现20秒后，再次出示任务 | | （满分5分） |
| 总正确率 $\left(=\dfrac{"+"计数}{"+" \quad "-"总计数}\right)$ | | （满分35） |

总正确率 ≥ 90        是    否

表 2.8　标准化功能分析情境反馈表（游戏情境）

日期：_____　受训人：_____　培训人：_____

| 游戏情境（固定时距 20 秒 + 区别强化其他行为） | | |
|---|---|---|
| 正确反应 | 存在（+）或 没有（−） | 总体正确率 |
| 治疗师开始本回合的计时器 | | （满分 1 分） |
| 向服务对象展示 2～3 个非常喜欢的玩具，并说"这里有一些玩具可以玩" | | （满分 1 分） |
| 治疗师面向服务对象，在整个过程中距离保持在 3 英尺以内 | | （满分 1 分） |
| 对与注意相关，合适的要求或口头禅（每次发生时）做出反应（"看看我的车"） | | （满分 2 分） |
| 忽略非目标行为（每次发生时） | | （满分 8 分） |
| 总正确率$\left(=\dfrac{\text{"+"计数}}{\text{"+"} \text{"−"总计数}}\right)$ | | （满分 13） |

总正确率 ≥ 90　　　　　　是　　否

表 2.9　标准化功能分析情境反馈表（实物情境）

日期：_____　受训人：_____　培训人：_____

| 实物情境 | | |
|---|---|---|
| 正确反应 | 存在（+）或 没有（−） | 总体正确率 |
| 在回合开始之前，给服务对象呈现非常喜欢的材料，让其玩 1 分钟 | | （满分 1 分） |
| 忽略所有的回合前行为（无论合适行为还是不合适行为） | | （满分 1 分） |
| 治疗师开始本回合的计时器，并且拿走所有的材料 | | （满分 1 分） |
| 问题行为出现后，将材料还给服务对象 20 秒 | | （满分 7 分） |
| 20 秒内如服务对象还没有出现问题行为，则拿走材料 | | （满分 7 分） |
| 忽略非目标行为 | | （满分 8 分） |
| 总正确率$\left(=\dfrac{\text{"+"计数}}{\text{"+"} \text{"−"总计数}}\right)$ | | （满分 25） |

总正确率 ≥ 90　　　　　　是　　否

### 表 2.10 模拟情境表现总结表

日期：_____

受训人：_____

| 情境 | 准确率得分 |
|---|---|
|  |  |
|  |  |
|  |  |
|  |  |
|  |  |
|  |  |
|  |  |
|  |  |

达标标准：每一情境准确率达90%或更高（注意、逃避、游戏、实物）。

### 表 2.11 培训模拟情境的任务分析

| **评估前的准备步骤：** |
|---|
| 1）将用于注意、游戏和实物情境的材料整理好，标记为低度偏好、中度偏好和高度偏好。 |
| 2）将三项任务按简单要求、中等难度要求和非常困难要求的次序排列。 |
| 3）指派一名受训者担任治疗师，培训师则收集评估完整性的数据。使用标准化功能分析反馈表（表2.6～表2.9）来记录表现。 |
| 4）受训者或培训师可以是演员。如果培训师是演员，最好额外有一名真正的培训师在场，以记录受训者表现的数据。 |
| **评估后的步骤：** |
| 1）使用《模拟情境表现总结表》（表2.10）回顾治疗师的实操表现。对正确的反应进行表扬，对任何不准确的反应进行示范，并让受训者练习正确的反应。回答受训者可能提出的任何问题。 |
| 2）轮替受训者和不同情境（即，让下一个受训者在新的模拟情景下扮演治疗师的角色）。 |
| 3）将玩具和学业任务按照新的偏好顺序（低/简单，中，高）进行排序。 |
| 继续进行，直到每个受训者在所有四个训练情境下准确率都能达到90%或更高。 |

# 第三章  对参与者实施功能分析

**概述**

本章介绍了功能分析培训课程的第二层级。本章包含在现实生活中对服务对象实施功能分析、获得同意书、安排功能分析评估回合、确定评估用具以及为受训人提供现场督导。

**关键词**

应用行为分析；实验评价；功能分析；培训课程；受训者督导

## 培训步骤概述

一旦受训者证明了他们可以高度准确地对参与者进行标准化功能分析评估，培训师就该与组织机构中的临床人员进行协调，去确定哪些人可以从标准化功能分析评估中受益，哪些行为应该被评估。

培训中的这一内容已包含在课程中，以促进技能的泛化，并提供额外实施评估的练习，使受训者能更流利地掌握功能分析的基本程序。例如，在培训师的监督下，受训者现在需要与照护者交流，取得他们的同意来进行功能分析评估，确定评估的地点，并与其他团队成员协调安排评估。此外，对参与者进行评估时，往往会出现许多其他挑战，而这些挑战在模拟情境中并不存在。例如，参与者可能开始表现出其他危险的非目标行为，或做出使评估变得更加困难的行为，如离开或拒绝进入评估室，也可能会睡着。

在我们的经验中，遇到过很多这类情况，我们认为受训者在督导培训师的指导之下，接触这类挑战是有益的。受训者有时也有机会去观察稍后会在本课程中进行讨论的一些挑战，例如，在实施评估时，评估是在自然环境中进行的，参与者可以接触到原本不属于评估内容的实物或注意强化，然后目标行为（在评估时）从未发生。在这个层级的培训结束后，受训者将展示出进行标准化功能分析评估的基本技能，并能够在计划功能分析评估时意识到需要做什么样的管理安排。有一些机构也希望对不同种类的员工进行这个层级的培训，包括那些提供直接服务的员工，从而扩大能够在评估中履行治疗师职责的员工数量。更高的培训层级可以留给那些最终被要求设计和解释功能分析的员工。

### 第二层级的培训步骤

1. 培训师同受训人、参与者及看护人进行协调，并实施标准化功能分析评估。
2. 受训者实施评估，培训师使用第二层级的功能分析反馈表评价他或她的表现。

### 通过第二层级的标准

在对参与者的进行功能分析评估的五个情境中（注意、逃避、游戏、实物、独处或忽略情境），都获得 90%或更高的分数。

## 练习对参与者实施标准化功能分析

### 调整和选择标准化功能分析的情境进行评估

当设计一个标准化功能分析时，有许多不同的变量需要提前考虑，并做出计划进行调整。可能会出现这样的情况，并非 Iwata 等人（1982/1994）提到的所有测试情境都会被执行。也就是说，可能只需要或只想测试其中两个或三个功能，以适应个别情况。每一回合评估的长度也要考虑，以及你实施评估的特定顺序。评估所要用到的材料，比如学习材料，或者当问题行为出现时将有条件提供何种类型的注意，又或是在实物情境中所使用的偏好物件，都需要个性化处理，确保能恰当激发目标行为的条件是存在的。例如，当视频停止播放时，参与者可能会表现出攻击性，但当停止玩接球游戏时却能保持平静。

功能分析中典型的情境包括注意、实物、逃避/要求、游戏和独处/忽略。有时候，并不是所有的五种情境都需要被放在功能分析评估中。虽然受训者会被要求展示评估所有五种情境的能力，必须注意的是要确保参与者只接触到必要数量的情境。通过对了解参与者的人进行访谈，你会获悉一个或两个可能（或从来）与问题行为不相关或对问题行为没有影响的功能。做出这样的判断可以更有效地进行分析，同时也只提供必要的服务来帮助了解这个人的行为。我们只测评那些与特定目标行为可能有关的情境。

## 每一回合的时长

测试人还必须就每个回合的时长做出决定。传统来说，采用的是较长的回合，如 10 或 15 分钟。然而，多年来，系统性的重复研究表明，较短的回合，如 5 分钟，也能得出有效的结果。我们将在后面讨论基于回合的功能分析（Trial-based FA），其回合时长更短，但也是有效的。我们还需要考虑，功能分析的目的是为了激发目标行为，这样我们就可以更好地了解是什么导致行为产生以及什么维持了这个行为，从而制定有效的干预方案。因此，回合时长可以在创造一个足以激发起行为的建立型操作（EO）中发挥作用。

## 确定回合的顺序

通常情况下，评估的回合是按随机的序列进行的。临床人员可能会希望按特定的序列将回合排序，以利用可能由其产生的效应。例如，如果一个临床人员猜测（行为）有获得注意的功能，先进行独处的回合再实施注意情境，对注意力的建立型操作（EO）可能会加强。或者，先进行一个游戏情境可以降低玩玩具的价值，这样目标行为在随后的实物情境中就不容易发生。这些考虑的内容是基于你所工作的特定服务对象的。

## 材料的选择

如果你要一个不喜欢做数学练习的孩子实施功能分析评估，那么就选择数学练习题作为要求情境中的材料。但是，如果是对一个喜欢数学的孩子进行功能分析评估，就不要选择这些材料。关注这些细节可以建立我们的信心，这标志着我们的确在为每个测试情境设置相关的建立型操作（EO）。

## 确定执行回合的治疗师

当所有的回合都设计好了，材料也选定了的时候，就该问这个问题："谁来在每个回合中扮演治疗师的角色呢？"可以安排一位治疗师实施所有的回合或者不同的治疗师去实施不同的回合。我们应该基于现有的资源和人员来做出这一决定。在所有情境中都使用同一位治疗师可以建立一致性，也可以减少因为治疗师的不同而带来的反应变化的可能性（例如，声音中的热情，提供身体注意时的触觉力度，声音的响亮程度，以及非语言的反应）。不过，在不同情境中使用不同的治疗师，同个情境中所有的回合都由一名治疗师实施，也有一定优势。换言之，治疗师 A 实施所有注意情境中的回合，治疗师 B 实施所有实物情境中的回合，而治疗师 C 实施所有逃避情境中的回合。这种安排可以帮助参与者清楚地分辨不同的情境，并让我们观察到在一个新的情境开始时，行为立即发生的变化。

如果你想在所有情境中都用同一个治疗师，区辨过程可以通过另一种方式实现，比如在每个情境加入一些不同的刺激元素。具体的例子有，用不同颜色的桌布分别代表注意、逃避和实物情境，治疗师在不同的情境中戴不同颜色的帽子或穿不同颜色的衬衫。这些变化有助于向参与者发出信号，指明即将到来的回合里有什么情境或哪些依联。如果成功的话，我们可以见到行为更快的变化，例如，当区辨刺激改变时，问题行为快速发生或立即停止。

## 获得同意

在进行功能分析之前，必须获得参与者的父母或监护人的书面同意。同意书内容要包括与功能分析相关的原因、风险、益处和执行程序。一定要用家长和监护人能够理解的语言书写这一份同意书，并且当面与他们进行回顾内容。必须为每一个功能分析取得同意书，即便是对相同的行为进行评估。在后续内容中提及的功能分析同意书概括了获得功能分析书面同意时应该包含的内容。

## 功能分析回合中受督导的实施

在功能分析程序中，风险是固有的。对受训者在功能分析中进行督导必不可少，并且督导应该持续到对受训者的技能有信心为止。后续内容中提供了每个情境中的程序完整性表格（表 3.1～表 3.6）。在没有培训师现场支持的情况下允许受训者实施功能分析评估之前，要证明此人具有在所有情况下都能始终遵守程序完整性的能力。

### 风险预防指南

　　功能分析的实施者必须不断评估和减少风险。受训者的能力是减少风险的一个关键途径。培训者应坚持受训者在监督下实施评估，直到熟练度能够得到持续的展现。此外，获得医疗许可和持续监督是必不可少的。在进行评估之前，在跨学科的背景下与医务人员进行有关健康风险的讨论。最后，可以用程序上的变体来减少风险。这些变体将在本课程的其他层级中被介绍，当传统的功能分析可能带来太多风险时，应该考虑使用这些变体。

## 本章提及的表格和表单

　　以下是本章前文中提到的表格。实践中可以复印，以便在培训中使用。

表 3.1　层级 2 功能分析反馈表（独处情境）

日期：_____　受训人：_____　培训人：_____　参与者：_____

| 独处情境 | | |
| --- | --- | --- |
| 正确的受训人反应 | 有（＋）或没有（－） | 总体正确率 |
| 受训人带着参与者走进空房间说："你在这里等着，我几分钟后回来" | | |
| 受训人离开房间 | | |
| 受训人按下计时器开始为本次回合计时 | | |
| 受训人对参与者的安全进行观察（全时距记录 1 分钟）* | | |
| 总正确率 $\left(=\dfrac{\text{"＋"总计数}}{\text{"＋""－"总计数}}\right)$ | | |

*目标行为必须至少出现一次，才能给这个情境打分

总准确率≥90%?　　是　　否　　　不能打分

### 表 3.2 层级 2 功能分析反馈表（逃避情境）

日期：＿＿＿＿＿＿＿ 受训人：＿＿＿＿＿＿ 培训人：＿＿＿＿＿＿ 参与者：＿＿＿＿＿＿

| 逃避情境 | | | | | | | | | | | |
|---|---|---|---|---|---|---|---|---|---|---|---|
| 正确的受训人反应 | 有（＋）或没有（－） | | | | | | | | | | 总体正确率 |
| 受训人按下计时器开始为本次回合计时。 | | | | | | | | | | | |
| 受训人以连续的速度向参与者提供具有适度挑战性的任务 | | | | | | | | | | | |
| 受训人对语言和手势辅助下的正确反映进行表扬（记录前 10 个回合） | | | | | | | | | | | |
| 受训人对全躯体辅助下的正确反应做中性评价（"那是紫色"）* | | | | | | | | | | | |
| 在目标行为发生后，受训人拿走任务，并转过脸* | | | | | | | | | | | |
| 非目标行为被忽略* | | | | | | | | | | | |
| 在目标行为停止 20 秒后，受训人重新出示任务* | | | | | | | | | | | |
| 总正确率$\left(=\dfrac{\text{"＋"总计数}}{\text{"＋"\ "－"总计数}}\right)$ | | | | | | | | | | | |

*目标行为必须至少出现一次，才能给这个情境打分

总准确率≥90%？　　　是　　否　　　不能打分

## 表 3.3　层级 2 功能分析反馈表（游戏情境）

日期：_____　受训人：_____　培训人：_____　参与者：_____

| 游戏情境（固定时距 20 秒 + 差别强化替代行为） | | |
|---|---|---|
| 正确的受训人反应 | 有（+）或没有（−） | 总体正确率 |
| 受训人按下计时器开始为本次回合计时 | | |
| 受训人向参与者展示 2～3 个非常喜欢的玩具，并说"这里有一些玩具可以玩" | | |
| 受训人面向参与者，在整个回合中距离保持在 3 英尺以内 | | |
| 受训人每 20 秒提供一次言语和肢体的关注（记录前 10 次数据） | | |
| 如果目标行为发生在需要提供注意力的时候，受训人延迟 5 秒再给注意* | | |
| 非目标行为被忽略* | | |
| 受训人对和注意相关的要求或互动式语言进行回应（"看看我的小车"）* | | |
| 总正确率$\left(=\dfrac{\text{"+"总计数}}{\text{"+"\ "−"总计数}}\right)$ | | |

*目标行为必须至少出现一次，才能给这个情境打分

总准确率≥90%?　　是　　否　　不能打分

表 3.4　层级 2 功能分析反馈表（注意情境）

日期：_____　受训人：_____　培训人：_____　参与者：_____

| 注意情境 | | | | | | | | | | | |
|---|---|---|---|---|---|---|---|---|---|---|---|
| 正确的受训人反应 | 有（＋）或没有（－） | | | | | | | | | | 总体正确率 |
| 参与者和治疗师在一个有适度偏好物的房间里 | | | | | | | | | | | |
| 受训人按下计时器开始为本次回合计时 | | | | | | | | | | | |
| 治疗师说："我有一些工作要做……"拿起一本书，并和参与者保持至少 5 英尺距离 | | | | | | | | | | | |
| 治疗师根据目标行为提供 3～5 秒的关注（肢体和言语的关注）（每前 10 次发生） | | | | | | | | | | | |
| 在得到关注后，治疗师走到至少 5 英尺以外的地方，并关注阅读材料（每次发生都这么做） | | | | | | | | | | | |
| 非目标行为被忽略（每次发生都这么做） | | | | | | | | | | | |
| 总正确率 $\left(=\dfrac{\text{"＋"总计数}}{\text{"＋""－"总计数}}\right)$ | | | | | | | | | | | |

总准确率≥90%?　　是　　否　　不能打分

### 表 3.5　层级 2 功能分析反馈表（实物情境）

日期：_____　受训人：_____　培训人：_____　参与者：_____

| 实物情境 | | |
| --- | --- | --- |
| 正确的受训人反应 | 有（+）或没有（−） | 总体正确率 |
| 受训人在培训前向参与者展示非常喜欢的物品 1 分钟 | | |
| 受训人忽视所有回合前行为（适当和不适当） | | |
| 受训人在回合开始时按下计时器，并拿走物品 | | |
| 受训人根据目标行为的出现返还材料 20 秒（对前 10 次进行记录）* | ＼＼＼＼＼＼＼＼＼＼ | |
| 受训人在参与者没有出现目标行为 20 秒后拿走物品（对前 10 次进行记录）* | ＼＼＼＼＼＼＼＼＼＼ | |
| 非目标行为被忽略 | | |
| 总正确率$\left(=\dfrac{\text{"+"总计数}}{\text{"+" "−"总计数}}\right)$ | | |

*目标行为必须至少出现一次，才能给这个情境打分

总准确率≥90%?　　是　　否　　不能打分

表 3.6　层级 2 功能分析反馈表（忽略情境）

日期：_____　受训人：_____　培训人：_____　参与者：_____

| 忽略情境 | | |
|---|---|---|
| 正确的受训人反应 | 有（＋）或没有（－） | 总体正确率 |
| 受训人按下计时器开始为本次回合计时 | | |
| 受训人为了参与者的安全进行观察（在全时距 1 分钟计时） | | |
| 受训人忽略每一次目标行为的发生＊ | | |
| 受训人在整个回合中忽略所有非目标行为 | | |
| 总正确率 $\left(=\dfrac{\text{"＋"总计数}}{\text{"＋"　"－"总计数}}\right)$ | | |

＊目标行为必须至少出现一次，才能给这个情境打分

总准确率≥90%？　　　　是　　　否　　　　不能打分

## 功能分析同意书

合适的干预仰仗于了解影响个人行为的事件。一些数据记录的工具可能会用于获取这些数据。这些工具已经被证明在临床实践中是有效的。通常需要一种方法来确定一个人为什么会出现问题行为，这就是功能分析。在进行功能分析时，有必要去收集精准的数据来协助制定行为干预计划。

### 为什么做功能分析？

做功能分析的原因是，我们需要更多关于问题行为在何时、何地和为什么会发生的数据来撰写干预计划。有时，前序评估（例如描述性分

析，此类评估数据在自然环境中收集）所得到的信息不足以指导干预。我们可能没有获得足够的信息，让我们有信心分析出个体为什么会出现这种行为。功能分析可以帮助理清问题的性质和行为发生的背景。这使我们能更明确地了解问题行为发生的目的（或者称之为，功能）。当干预和问题行为功能（为什么发生）相匹配时，我们可以看见更好的效果。如果没有功能分析指引我们，目标行为可能会增加，并延迟有效策略的实施，并可能对我们的服务对象造成安全风险。功能分析提高了评估和干预严重及复杂问题行为的准确性和效率，并能促成更有效的干预。

### 如何进行功能分析？

用来实施功能分析的主要方法是系统地创造环境（诱发行为），看目标行为的发生频率是否不同。我们要研究的是哪些类型的情境和结果会造成行为发生频率较低，哪些情境和结果会造成行为发生频率更高。例如，临床人员可能会出示不喜欢的任务，并在问题行为发生时将这些任务移走。或者，我们可能会减少与个体的互动，只在目标行为发生时给予注意。有了这种准确性和数据分析，我们就可以对如何干预问题行为做出最佳选择。

### 谁来做功能分析？

功能分析是一项团队合作进行的评估。在实施功能分析的过程中，应该有具有经验的人员进行指导和监督。我们用一个多层次的训练来确保参与功能分析的人已经证明了他们的能力。如果服务对象出现严重问题行为，并构成了安全风险，我们有特殊类型的功能分析可以用来将风险降到最低，例如，分析行为的温和形态，来预测更严重的形态（如，服务对象拍打桌子往往会发展出自伤行为）。此外，如果我们认为，功能分析的参与者可能会表现出危险行为，就会在整个过程中确保医疗上的监督。

**功能分析同意书示例**

我在这里签字表明：

我已知道了功能分析（Functional Analysis）的基础和价值。

我已经参与过了功能分析实施的形式的讨论。

我知道，功能分析的目标之一是，通过系统安排情境和后果，确定我的家属的问题行为发生的起因和维持的原因。这些行为是在前序评估中确定的，例如访谈和观察。

我知道我有权要求或查看有关功能分析使用的文献。

我知道，如果我的家属有危险行为，在实施功能分析时要及时告知护理或医疗人员（在场或待命），以便他们在需要必要的医疗支持时能及时赶到。

我知道，我们的目标是保护功能分析参与者的安全和健康，并知道有一些类型的功能分析可以用来减少受伤或受压的风险。

我知道，在功能分析完成后我有权查看数据。

我理解，我可以在任何时候通过给＿＿＿＿＿＿＿＿写信撤销我的同意。我也可以要求对其进行修改以满足我的要求。然而，我明白拒绝签署或修改同意书可能与项目目标有所冲突，因此有必要与相关人员进行会面讨论。

本同意书将以年度或有必要进行新的功能分析时，重新发放，以供回顾和批准。本同意书（针对此行为）在完成年度更新前一直有效。如果同意书有任何变化，将发放新的同意书。任何新的功能分析的实施（包括一年内的同一行为）都将需要额外的书面同意。

＿＿＿＿＿＿＿＿＿＿＿＿＿＿＿＿　　　　　　＿＿＿＿＿＿＿＿＿＿＿＿＿＿＿＿

家长/监护人签名　　　　　　　　　　　　　日期

＿＿＿＿＿＿＿＿＿＿＿＿＿＿＿＿　　　　　　＿＿＿＿＿＿＿＿＿＿＿＿＿＿＿＿

临床人员/管理人员签名　　　　　　　　　　日期

# 第四章  延伸标准化功能分析的情境

**概述**

本章叙述了功能分析培训课程的第三层级，包含了对标准化功能分析的改进，根据参与者的特质创造功能分析情境，以及设计独特的测试情境与对照情境的比较。

**关键词**

应用行为分析；实验评价；功能分析；培训课程；受训者督导

## 培训步骤概述

在课程的第三层级，我们会向受训者介绍文献中描述的标准化功能分析情境的各种改进，例如被分散的注意情境（divided attention condition）(Fahmie, Iwata, Harper & Querim,2013; Mace, Page, Ivancic & O'Brien,1986; Taylor, Sisson, McKelvey & Trefelner, 1993)，以及不同类型注意作为强化物的评估（Kodak, Northup & Kelley, 2007; Piazza et al.,1999）。此外，本章还讨论了已被开发和常用的新情境，例如，社会性回避情境（Harper, Iwata & Camp, 2013）。对于多重功能评估的可能性也在本章中得到回顾（Moore，Mueller, Dubard, Roberts & Sterling-Turner, 2002; Mueller, Sterling-Turner & Moore, 2005）。

与其他层级的培训类似，我们通过回顾文献，并使用专门的培训材料来展现这些经过修改的和新的情境，而不是简单放出一些文章让受训者阅读。因为在不同的文章中，不同情境的操作是有区别的，我们认为这可能会让受训者感到难以理解。但是，培训人员可以向感兴趣的受训者发放一份参考资料清单。

在回顾了行为分析领域其他专业人员创造的情境后，我们会教受训者如何根据服务对象的特点，观察问题行为的情境，通过开放式访谈和描述性分析来创造自己的情境，从而为发展独特、符合实验要求的测试和控制情境提供依据（Hanley, 2012）。

### 第三层级的培训步骤

1. 培训师进行幻灯片演讲
2. 受训者参加延伸标准化功能分析情境测试（填写表 4.1）
3. 对用延伸标准化功能分析情境测试答案进行计分（对照表 4.2）

### 通过第三层级的标准

在延伸标准化功能分析情境测试中得到 90%或以上的准确率

## 发展独特的功能分析情境

前两个层级回顾了如何实施标准化功能分析的基础知识（Iwata et al., 1982/1994）。值得注意的是，研究人员已经在文献中多次重复提及标准化功能分析的有效性（Beavers, Iwata & Lerman, 2013; Hanley, Iwata & McCord, 2003）。然而，随着时间的推移，临床人员和研究人员继续探索前因、后果的变化是如何影响功能分析实施期间问题行为的水平的。Iwata 等人（1982/1984）描述的方法提供了一个结构或评估的固定格式，他人可以在此之上拓展出其他情境。

文献中已经发表了一些标准化功能分析情境的变体，例如被拆解的注意情境（Fahmie, Iwata, Harper et al., 2013; Fahmie, Iwata, Querim & Harper, 2013）和社会性逃避情境（Harper et al., 2013）。在本章中，我们将讨论已发表的标准化功能分析的延伸，以及创造独特的测试—控制情境的步骤。

### 被分散的注意情境

正如 Fahmie 等人描述的那样，这一情境的实施方式与注意情境相同，只是在回合开始时，治疗师会说："这里有些玩具你可以玩，我去和别人谈谈。"前事是与同伴交流，或是将你的注意分散到评估对象与其他人之间。问题行为的结果是治疗师停止对其他人的关注，转而对参与者提供言语和躯体的注意。要记住，在这种情境下，问题行为严格来说有两种后果，也就是终止治疗师之间的交谈（这可能是一种负强化的依联关系）和提供注意（可能是正强化的依联关系）。

## 注意的变体

提供注意的方式可能会影响评估期间的行为水平。例如，你可以单独提供身体接触或者语言关注。重点是，并非所有类型的注意都会以相同的方式影响行为。对问题行为起作用的强化物可能是口头训斥。在这种情况中，关切的语言可能不会催生行为的高发生率。

## 逃避的变体

在标准化功能分析负强化的测试情境中，任务要求作为潜在的厌恶事件被呈现。但要记住，厌恶事件是独特的，因此可能因人而异。例如，对没有节奏感的人来说，跳舞可能是令人厌恶的，或是要避免的，但对会跳舞的人来说，他可能不认为跳舞是厌恶事件。在功能分析的文献中，有几个例子说明了如何将不同的潜在厌恶事件归纳成类。例如，已发表的研究中有探讨对医疗检查、噪音、不同类型要求的逃避及社会性回避这几个方面。

Iwata 等人（1990）观察到服务对象在接受医疗检查时常常会有自我伤害行为（SIB），据此描述了一种改进的要求情境。这个情境是这样安排的，将和医疗检查相关的问题（例如，"你的膝盖疼吗，你能动一动膝盖吗？"）作为前事条件，治疗师（模仿医务人员）在自我伤害行为发生时停止提问，并掉头转身。

McCord 等人（2001）描述了根据访谈中获得的信息，选择将厌恶噪音纳入功能分析评估中的一个程序。实施功能分析的过程中，治疗师在回合开始时播放这些噪音（例如，闹钟、电话铃声、人说话），然后在问题行为发生后停止播放 30 秒。

Roscoe 等人（2009）描述了一种要求评估，在这项评估里，根据访谈结果选定要用在功能分析中的不同活动。在不同的领域（学业、日常生活和家庭技能）确定了各种任务，并根据评估中观察到的配合程度，将其分为高可能性或低可能性的任务。在实施功能分析期间，出示任意一个高可能性或低可能性的任务要求，然后在问题行为发生后，就停止 30 秒任务要求。

社会回避是另一种类型的逃避（Harper et al., 2013）。一个例子是，治疗师和儿童在一间有适度偏好物（2～3 个玩具）的房间内时，治疗师以陈述句的形式提供关注，并每 2 秒进行一次躯体接触。这看起来很像游戏情境中频繁地提供注意。一旦问题行为发生，治疗师就会掉头转身。这里的依联关系是当问题行为发生，社会互动就会被移除。

## 自动强化的筛查

正如我们在之前的训练中讨论过的，在忽略情境中，你可以使用单向镜、摄影机、太阳镜（避免眼神接触），或双手背在身后，以增加依联关系的显著程度，或减少社会性依联事件。重要的是，在实施忽略情境时要保持中立，不提供任何形式的注意（如面部表情、眼神接触）。先前的研究推荐，可以在结果无差异的（undifferentiated results）功能分析之后进行一个扩展的独自或忽略情境，以此来为自发性功能提供证据（Vollmer et al., 1995）。Querim 等人（2013）拓展了这一研究，他们认为如果假设问题行为是通过自发性强化来维持的，那么可以在实行标准化功能分析之前，甚至代替标准化功能分析，进行扩展的独自/忽略情境。

## 控制情境的变体

在不同的研究中，实施控制或游戏情境的方式略有不同。然而，已发表的研究对这些区别的对比较为有限。Fahmie 等人（2013）进行的一项研究认为，独自、忽略、游戏情境和差别强化其他行为（DRO）情境在测试通过正强化维持的行为时，是有效的控制情境。但在评估通过负强化维持的问题行为时，差别强化其他行为情境却不是有效的控制情境。无论选择何种控制情境的变体，关键的是，两种情境之间唯一的区别是依联关系，这是你能做出的最合理的实验对比。

## 多重功能（multiple functions）

在某些情况下，问题行为被说成是由多重功能维持的。分析不同的情形可以参考这种说法。我们将会讨论两种潜在的方式，来说明参与者的行为可能被多重依联关系维持。我们使用"多重功能"一词来描述以下情况：在一个环境中，问题行为由一个强化物（如，实体物品）维持，但在另一个环境中由不同强化物（如，注意）维持；以及在同一环境中，问题行为同时由一个以上的强化物维持（如，逃避和注意）。让我们花一点时间来更详细地讨论一下这个问题。

## 不同的情境/后果

当同一行为在不同情况下被不同后果所维持时，就有可能存在多重功能。例如，参与者在老师上课时，可能会出现攻击行为，因为这个行为通常会导致任务要求的撤除。但攻击行为也可能发生在父母面前，因为它通常会导致父母询问"怎么了？"，并提供实体物品作为转移注意的方式。这种类型的多重功能可以通过标准化功能分析进行鉴别。

## 成对后果

在某些情况下，问题行为是由一组成对的后果所维持的。例如，一个学生可能会把学习材料从桌上扫开，因为这通常会让学生逃避完成学业任务，并且引起老师厌烦的反应（关注）。如果这两种后果都是维持这种破坏性行为的必要因素，那么我们就会说这种行为是由成对后果维持的。虽然标准化功能分析可以识别这种多重功能，但有时还需要与前因事件或后果事件相结合，来激发评估中的问题行为。

## 开发独特的测试和控制条件

我们将转换一下思路，来讨论在尝试确定问题行为的功能时，创造独特的测试与控制情境。本节所讲的内容，实际上适用于所有功能性行为评估（FBA）。

在访谈和观察的过程中策划功能分析评估时，你可能会发现激发或维持问题行为的特殊变量。理解行为动机的关键，包括以下几个方面：

1. 弄清楚是什么激发了一个行为（前因条件，或建立型操作）

2. 确定什么后果可以维持该问题行为（强化物）

为了弄清相关的变量是什么，采访那些与参与者相处的照护者，并在潜在的建立型操作（EO）或结果起作用时观察参与者。一定要采访那些最近或当前与该参与者相处时间较多的人。请记住，我们不是要确定最初是什么导致了这一行为，而是要确定现在是什么在维持这种行为。因此，照护者参与的多少，将取决于实施评估前这段时间照护者照护参与者的频率。

## 可以发掘建立型操作（EOs）/后果的提问

你可以问一问在问题行为之前发生了什么类型的事件，因为这些是可以在构建功能分析时可以用到的测试情境。你可以问一些问题："在问题行为发生之前，有什么样的活动发生？什么东西似乎会激发问题行为？你什么时候看到这种行为最多？你能预测孩子的问题行为何时会发生吗？"最后一个问题也可以帮助你识别先兆行为。如果你打算评估的行为有很高的伤害风险，你可能要考虑对这个先兆行为进行功能分析，这意味着你要评估一个不同的，通常在更危险行为之前的问题行为。

接下来，你要问的是后果。问题行为发生时，人们通常有什么反应？一旦参与者表现得不高兴，照护者会如何帮助他或她安定下来？获悉这类问题的答案可以帮助你确定在测试情境下如何应对，也可以确定在控制情境的前因事件中加入哪些元素。例如，照护者可能指出，在打电话的时候，这个服务对象通常会出现自伤行为。作为回应，照护者走近该服务对象，看他需要什么，并找到一个通常能让他安定下来的物品。在这种情况下，你可能想评估一下实物功能。在测试情境里，可以在问题行为发生时提供一个物品，而在控制情境中，在问题行为发生前不提供物品。

这些都是在采访和观察过程中需要确定的事情。观察时，你也可以调整潜在的相关变量，比如，要求老师与你交谈几分钟，看看是否可能与注意的剥夺相关。或者，你可以要求老师提供某种你认为会激发问题行为的教学任务，这种问题行为可能由逃避维持。

## 创造情境

有很多种方法可以发展新的测试和控制情境，每种方法都有其优势和局限。我们将在此告诉你我们首选的方法。然而，没有强制规定去选哪一种。只要设计在实验上是合理的，你就可以用任何喜欢的方式去设计情境。我们已经推荐了某些设计负强化情境和正强化情境的方法，因为不同的方法会有不同的副作用。

在创造一个情境时，你的前因情境应该包含一个 $S^D$（区辨刺激），去预示可以获得某个特定的后果。建立型操作的出现是为了提高后果的价值，从而增加行为发生的频率。当目标行为发生时，它应立即、短暂地获得维持该行为的假设后果。这些后果只应该在目标行为发生后提供。

与测试情境相反，在控制情境中，建立型操作不应该存在，以尽量减少问题行为发生的可能性。从这一点来说，测试情境中所提供的后果，在控制情境中是无条件任意提供的。一个常见的控制情境是非依联性强化（NCR）。如果允许自由获得强化物，就不应该会有剥夺的效应。如果这的确是维持问题行为的强化物，就应该观察不到问题行为的发生。

在测试情境中，你尝试通过移除玩具或注意来创造剥夺状态，直到问题行为发生。这就是在建立依联关系，从而能刺激个体出现问题行为。在控制情境中使用非依联性强化的一个主要优势是它非常实用。你只需在整个训练过程中给予关注、玩具或其他形式的休闲活动。这是一种非常简单地进行控制情境的方法。假定的强化物在两种情境下都存在，依联关系在这里则是测试和控制情境之间的唯一区别。这种唯一的区别是，在一个情境中，它是无条件提供的，而在另一种情境中，它是根据研究对象的行为来提供的。将依联关系作为控制和测试情境的唯一区别，就为评估建立了有力的内部有效性。

## 负强化依联关系的控制情境

负强化的控制情境则大不相同。在评估负强化物的影响时，我们建议采用呈现建立型操作和不呈现建立型操作的方法。在你的测试情境中，负强化物在回合的一开始就呈现，然后根据问题行为的发生而被移除。在测试情境中建立型操作是出现的，因为你正在提供这个建立型操作，例如，呈现学习任务。任务的呈现是诱发事件。你先提供任务，然后根据问题行为的发生，再移除这个任务。在控制情境中，这个刺激从未被呈现，所以建立型操作也不存在（当然，如果这个变量与激发参与者出现目标行为有关）。因为负强化物是一个厌恶的事件，我们根本不想呈现它，它可能会激发问题行为的发生，而我们在控制情境中的目标是抑制问题行为的发生。

真正的非依联性负强化会牵涉到提供任务，并在一个预定的基础上非依联地移除。然而，呈现任务可能会激发问题行为的发生，并可能使参与者难以分辨你的测试情境和控制情境，因为在每个情境下你都用任务来做尝试。不呈现任务的一个问题是，你改变了情境之间的两件事。一是在一个情境中有依联关系，而在另一个情境中没有；二是在一个情境中有负强化物，而在另一个情境中没有。因此，你改变了两项条件，但我们愿意接受这种局限，因为在控制情境中使用厌恶刺激是有风险的。请读者回顾一下这一层级中的幻灯片，看看如何设计独特的测试和控制情境。

# 本章提及的表格和表单

本章中的表单包括用于评价延伸功能分析情境的知识能力的测验，以及答案。这些表单可以复印，以便在培训中使用。

**表 4.1 延伸标准化功能分析情境测试**

姓名： ＿＿＿＿＿＿＿＿＿＿＿＿＿ 日期： ＿＿＿＿＿＿＿＿＿＿＿＿＿

1. 注意情境和被分散的注意情境之间的主要区别是什么？（2分）

2. 社会性回避情境下的前事事件是什么？（1分）

3. 游戏情境中使用差别强化其他行为（DRO）的优势是什么？（1分）

4. 举一个在不同背景下具有多重功能的行为的例子，这个例子在 PPT 中没有被用过。（1分）

5. 在进行测试—控制功能分析之前，你应该先做什么？（1分）

6. 描述通过注意正强化维持的，和逃避任务负强化所维持的测试和控制情境的基本步骤。（2分）

7. 你哥哥的小狗，斯巴奇，偶尔会哼哼唧唧。你问了哥哥和嫂子，他们都说斯巴奇通常在下午5点左右一家人坐下来吃晚饭的时候哼哼唧唧，而斯巴奇在7点吃晚饭。**斯巴奇从来没有在家人吃饭的时候上前去叼食物**。当斯巴奇哼哼唧唧时，你哥哥会训斥它，并命令它"趴到你的床上去"。斯巴奇通常会听这个指令，但1分钟内又会回到餐桌前发出哼哼唧唧的声音。你对斯巴奇这个行为功能的假设是什么？基于这个假设来设计你的测试和控制情境。（4分）

8. 在为设计测试—控制功能分析所进行的访谈中，为什么要问以下问题：如果我给你一百万美元来让你做这件事，你会做吗？（1分）

9. 在为设计测试—控制功能分析所进行的访谈中，为什么要问以下问题：你能做些什么来让该行为消失？（1分）

10. 根据你的访谈和观察，假设当一个同学尖叫时，你的学生也会尖叫，不考虑你学生尖叫会带来什么可观察的后果。如果是这样的话，你会假设你学生尖叫的功能是什么？建立型操作是什么？描述一个测试情境和一个控制情境。（4分）

11. 根据你的访谈和观察，假设你的学生在周围有食物时往往会发生偷拿食物的行为。然而你也观察到，即使该学生获得了食物，他也不会吃掉他们，相反，他只是拿着这些东西。由于工作人员在学生试图偷拿食物时迅速地进行躯体干预（阻挡）和口头干预（例如，"如果你想吃薯片，你可以向他们要"），这种行为可能是通过口头和躯体的双重关注来维持的。如果是这样的话，你会假设学生偷拿食物行为的功能是什么？建立型操作是什么？描述一个测试情境和控制情境。（4分）

12. 当巴利最喜欢的玩具不在他手上时，他经常会出现攻击性行为。一旦巴利出现攻击性行为，他的看护人倾向于把他喜欢的玩具给他，试图让他安静下来，这通常很管用（他的攻击性行为变少）。你认为巴利攻击行为的功能是什么？建立型操作是什么？描述一个测试情境和一个控制情境。（4 分）

13. 每当有人拿来配对任务时，萨曼莎就开始出现严重的自伤行为（SIB）。她以前每天都会完成这项任务，但现在却很难进行这项活动，因为萨曼莎的自伤行为太严重了，他们完全无法得到她的配合。你认为萨曼莎自伤行为的功能是什么？建立型操作什么？描述一个测试情境和一个控制情境。（4 分）

总分（满分 30 分）：_____

## 表 4.2　延伸标准化功能分析（FA）情境测验答案

姓名：_____　　　　　　日期：_____

1. 注意情境和被分散的注意情境之间的主要区别是什么？（2分）

　　1）被分散注意力情境的前因涉及两个治疗师的互相交谈，而注意案件的前因涉及治疗师安静地在阅读。

　　2）在被分散注意力的情境下，治疗师停止对话，而在注意情境中对话没有发生。

2. 社会性回避情境下的前事事件是什么？（1分）

　　治疗师对参与者持续提供关注，两者距离保持在3英尺大范围内，直到问题行为发生。

3. 游戏情境中使用差别强化其他行为（DRO）的优势是什么？（1分）

　　1）因为每次问题行为发生时，DRO的间隔都会重置，所以没有机会提供偶然强化。

　　2）使用这种程序作为控制，可以实现真正的倒返依联，这有助于建立更好的实验控制。

4. 举一个在不同背景下具有多重功能的行为的例子，这个例子在PPT中没有被用过。（1分）

　　当老师拿出一个不喜欢的任务时，孩子的攻击性通过逃避要求来维持。在家庭环境中，处于注意低下的状态时，攻击性是由注意维持的。

　　（答案可以是任何描述在某个环境中由特定后果或特定人维持，在另一种环境中由不同结果或不同的人维持的行为。）

5. 在进行测试—控制功能能分析之前，你应该先做什么？（1分）

　　采访对参与者熟悉的人，观察参与者，对可能的功能提出假设，并确定在你的功能分析中应该包含哪些内容。

6. 描述通过注意正强化维持的，和逃避任务负强化所维持的测试和控制情境的基本步骤。（2分）

　　对于通过正强化维持的行为

　　测试情境：不提供注意作为一个前事条件。在问题行为发生时，提供获得注意的机会。

　　控制情境：提供非依联的注意

　　对于通过负强化维持的行为

　　测试情境：呈现厌恶刺激（建立型操作的呈现）作为前事条件。在问题行为发生时，移除厌恶刺激。

　　控制情境：一直不呈现建立型操作（厌恶刺激）

7. 你哥哥的小狗，斯巴奇，偶尔会哼哼唧唧。你问了哥哥和嫂子，他们都说，斯巴奇通常在下午 5 点左右一家人坐下来吃晚饭的时候哼哼唧唧，而斯巴奇在 7 点吃晚饭。**斯巴奇从来没有在家人吃饭的时候去叼过食物。**当斯巴奇哼哼唧唧时，你哥哥会训斥它，并命令它"趴到你的床上去"。斯巴奇通常会听这个指令，但 1 分钟内又会回到餐桌前发出哼哼唧唧的声音。你对斯巴奇这个行为功能的假设是什么？基于这个假设来设计你的测试和控制情境。（4分）

　　1）假设的功能：注意。

　　2）EO：注意的剥夺状态。

　　3）测试：在有食物的情况下，哼唧行为出现时，给予训斥形式的关注。

　　4）控制：在吃饭的时候，以训斥的形式持续给斯巴奇提供注意。

8. 在为设计测试—控制功能分析所进行的访谈中，为什么要问以下问题：如果我给你一百万美元来让你不做这件事，你会做吗？（1分）

　　尝试确定激起行为的前事条件是什么。

9. 在为设计测试—控制功能分析所进行的访谈中，为什么要问以下问题：你能做些什么来让该行为消失？（1分）

　　试图确定是什么结果在维持问题行为。

10. 根据你的访谈和观察，假设当一个同学尖叫时，你的学生也会尖叫，不考虑你学生尖叫会带来什么可观察的后果。如果是这样的话，你会假设你学生尖叫的功能是什么？建立型操作是什么？描述一个测试情境和一个控制情境（4分）。

　　1）假设的功能：自动负强化（如果同伴的尖叫是厌恶的）或自动正强化（如果同学的尖叫是令人愉快的）。

　　2）EO：同学的尖叫。

　　3）测试：在独自情境中提供一段同学尖叫的录音；对于问题行为或其他任何问题/合适行为，都不提供结果。

　　4）控制：实施一个没有同学尖叫录音的独自情境；对于问题行为或其他任何问题/合适行为，都不提供结果。

11. 根据你的访谈和观察，假设你的学生在周围有食物时往往会发生偷拿食物的行为。然而你也观察到，即使该学生获得了食物，他也不会试图吃掉他们，相反，他只是拿着这些东西。由于工作人员在学生试图偷拿食物时迅速地进行躯体干预（阻挡）和口头干预（例如，"如果你想吃薯片，你可以向他们要"），这种行为可能是通过口头和躯体的双重关注来维持的。如果是这样的话，你会假设你学生偷拿食物行为的功能是什么？建立型操作是什么？描述一个测试情境和控制情境。（4分）

　　1）假设的功能：以语言和躯体关注形式提供的注意。

　　2）EO：对于注意的匮乏。

　　3）测试：在有食物的情况下，只在学生准备偷拿食物的时候提供关注。

　　4）控制：在有食物的情况下，提供非依联的躯体和语言关注。

续表

12. 当巴利最喜欢的玩具不在他手上时，他经常会出现攻击性行为。一旦巴利出现攻击性行为，他的看护人倾向于把他喜欢的玩具给他，试图让他安静下来，这通常很管用（他的攻击性行为变少）。你认为巴利攻击行为的功能是什么？建立型操作是什么？描述一个测试情境和一个控制情境。（4分）

1）假设的功能：获得实体物品（喜欢的玩具）。

2）EO：实体物品的剥夺状态。

3）测试：在测试前的回合中，让巴利可以有玩具1分钟；在测试回合开始时拿走这个玩具，当攻击行为出现时，提供20～30秒接触玩具的机会。在20～30秒的接触后，移走玩具，并根据攻击行为再次提供玩具。

4）控制：允许巴利不受限制地接触他喜欢的玩具。对适当或不当行为都不提供任何后果。

13. 每当有人拿来配对任务时，萨曼莎就开始出现严重的自伤行为（SIB）。她以前每天都会完成这项任务，但现在却很难进行这项活动，因为萨曼莎的自伤行为太严重了，他们完全无法得到她的配合。你认为萨曼莎自伤行为的功能是什么？建立型操作什么？描述一个测试情境和一个控制情境。 （4分）

1）假设的功能：从学业任务中逃离（具体来说，配对任务）。

2）EO：配对任务的出现。

3）测试：以三步辅助的方式呈现配对任务。对独立做到正确的反应和在手势辅助下完成的反应进行口头表扬。对需要肢体辅助完成的情况进行中性的评价。当参与者开始出现SIB时，移除任务20秒，并转身离开他/她。20秒后，重新呈现任务，并在SIB重新出现的时候再次移走任务。

4）控制：留在参与者的附近，也不呈现配对任务。对合适和不合适行为都不提供结果。

总分（满分30分）：_____

# 第五章　测量、实验设计、方法

**概述**

本章叙述了功能分析培训课程的第四层级。本章包含适用于功能分析的测量系统，实验设计方案，以及使用各种方法构建功能分析回合。

**关键词**

应用行为分析；实验评价；功能分析；培训课程；受训者督导

## 培训步骤概述

本课程的第四层级涉及设计功能分析时需要考虑的三个核心部分：为被评估的行为选择合适的测量系统，选择确定行为功能的实验设计，以及选择构建回合的方法。这一层级非常重要，因为它影响了评估所需的时间，提及了对于参与者的潜在风险，并在确定行为的功能时建立了评估的内部有效性。

课程中测量的部分讨论了行为分析中使用的各种连续记录方法，以及常用的非连续测量系统。我们使用了多种资源来写成这部分的培训内容，包括但不限 Cooper 等人（2007）的教材，以及评价测量行为关键要素的文献，例如考虑是否在功能分析中使用一个或多个目标行为（Beavers & Iwata, 2011），以及与连续记录相比，使用非连续记录测量系统的局限性（Meany-Daboul, Roscoe, Boure & Ahearn, 2007; Rapp, Carroll, Strangeland, Swanson & Higgins, 2011）。

本章将回顾常见的实验设计，这些内容都来自各种教材，如 Cooper 等人 2007 年出版的与 Barlow 等人 2009 年出版的。功能分析中实验设计的问题也包括在内，这些问题基于出版文献中描述的，如何在多成分的测试—控制分析中分离出变量（Hanley, Jin, Vanselow & Hanratty, 2014）。

本课程方法部分采用 Iwata 等人（1982/1984）所开发的标准化功能分析的

模式进行描述，以及文献中介绍的许多变体，例如，前兆事件和回合制功能分析（Hanley et al., 2003; Iwata & Dozier, 2008; Lydon, Healy, O'Reilly & Lang, 2012）。这个回顾的目的是让临床人员做好准备，在考虑到所有组织上、安全上和临床环境的情况后，去选择和实施最合适目前行为的程序。

在这一层级的课程结束后，受训者将掌握设计和实施功能分析的基本技能。课程的下一阶段将教受训者如何绘制和解释这些从评估中获得的数据。

## 第四层级的培训步骤

1. 培训师进行幻灯片演讲
2. 受训者参加测量、实验设计、方法的测试（填写表 5.1）
3. 对照测量、实验设计、方法答案对测试进行计分（对照表 5.2）

## 通过第四层级的标准

- 在测量、实验设计、方法的测验中准确率达到90%或以上

# 测量

## 选择目标行为

在选择目标行为去测量时，最好让情境的结果只取决于单个问题行为的出现，而不是多个行为的组合（Beavers et al., 2013）。例如，你有可能有一个会出现攻击行为和自伤行为的参与者，你不确定应该为哪一个行为提供后果，因为很响的噪音或任务要求可能同时激发这两种行为。如果是这样的话，就选择其中的一个。使用多个目标行为往往会导致无差别的数据和分析。如果你认为多个问题行为属于同一反应群组，则挑选最常出现的行为。你也可以向治疗师提供两个问题行为的定义，如攻击行为和自伤行为，并提供回合的前因情境。在这两个行为中任意一个行为第一次出现的时候，治疗师提供后果，然后将该行为作为未来的目标行为。如果这些行为属于同一反应群组，而且你没有为其中一个行为提供强化物，那么参与者应当会开始出现另一个行为。

你也要记下其他问题行为和适当行为。如果你选择对多个行为进行测量和

绘制图表，确保在图表上清楚地标明哪个行为得到了有条件的强化。记录其他行为只是为了确认它们是在功能分析评估期间出现的，在图表中提到这些可能有助于在继续收集数据时完善分析。然而，读者应该注意，这里所说的特定的行为是受到功能分析依联事件所影响的目标行为。就系统测量而言，连续记录总是能最大程度上提供在回合中发生了什么的信息，因为它是能够捕捉到每一次行为的实时记录。

## 频率

回合中的反应频率是对那些容易计数，并且有清晰起始和结束的行为最佳的测量方法。你还希望选择反应间距时间至少为 1～2 秒的反应。如果你的反应间距很短（例如，参与者可能会用手很快地来回扫桌面），准确计数会很困难。你还应该确定一个行为何时开始和结束。例如，如果你在测量摇晃的行为，那么要明确定义，摇晃一次的开始是当参与者向前倾斜，结束是向后倾斜。

## 时长

相比之下，对于持续时间较长的行为（如，哭闹、躺地、离座行为），时长是一个合理的测量方法，因为频率不会产生太多的信息（即，数据的变动幅度非常有限）。当按照持续时间记录行为时，你通常需要使用计时器开始和停止，以准确记录有变化的情况。回合数据可以转化为记录累计时长或每次发生的平均时长。

## 潜伏期

潜伏期是指从区辨刺激（提示）的结束到第一次反应的开始这段时间，是表示反应强度的好方式。潜伏期作为一种测量系统，可以在各种功能分析方法中使用，而且效率很高，因为它只需要最少的记录工作，而且你还可以将数据分层到其他测量上去。例如，你可能希望在绘制问题行为频率的图表时，同时做一个描述第一次反应潜伏期的图表。

## 非持续性测量系统

有时，我们想去测量没有清晰开始和结束的行为，或者有时一个行为持续时间很长，紧接着又发生很短的行为。这种行为可能也有很长的反应间距，然后又是很短的反应间距。在这种情况下，你可能要考虑部分时距记录法（partial interval recording, PIR）或瞬时时间抽样（momentary time sampling, MTS）。这些非持续性测量系统以时距的百分比进行汇报，但也应该指出你是在估算频率、时长，或是二者兼而有之。此外，你也应该向你的听众解释这些数据，让他们知道你所估算的大致频率和/或时长。

### 计算大致的频率和时长

对于瞬时时间抽样，需要先定义一个特定的窗口期，以便两个观察者能够一致地记录行为。在 10 秒的间隔中，你要确定你寻找的行为的确切时刻。在这个例子中，它可以是 10 秒间隔结束时的那 1 秒区间（9～9.99 秒）。这个区间是你记录数据的瞬时窗口期。通过部分时距记录，收集数据的人记录行为是否在预设间隔的任何一点上发生。在这个例子中，如果行为发生在 0～9.99 秒间隔的任何一点，数据收集者都将其记录为"＋"，如果没有则记录为"－"。

尽管 Rapp 等人（2008）证明了如何在不同间隔和行为维度之间比较这些测量系统，瞬时时间抽样通常比部分时距记录更准确。在选择间隔记录测量系统时，选择比较短的间隔时间，如 5 秒，将能使估算误差最小化。

当间隔时间变长，如 10 秒、20 秒或者更长时，部分时距记录在表达行为发生的情况时可能会出现偏差。瞬时时间抽样在估算行为上则做得更好，但当间隔时间设置较长时，瞬时时间抽样与实际行为发生的一致性也很低。如果你使用这些非持续性测量方法之一，就承认自己是在估算行为，这本身就会导致误差。然而，如果你测量的行为，因为上述的一些特征导致在频率或时长上记录不准确，间接记录可能是一个很好的选择。

## 实验设计

单一被试实验设计是功能分析的一个标志性特征。对环境情境的安排，使临床人员能够分离出导致行为变化的变量，为行为的功能提供更有力的证据。在准备实验和测试情境时，应该只有一个变量是不同的，这样你就可以在不同情境之间找出控制的源头（sources of control）。本章重点讨论在实施功能分析时的倒返和多成分设计。

## 倒返设计

在倒返设计中，可以连续实施同一种情境，直到反应达到稳定为止。之后再换一个情境。如果在测试阶段行为朝着预估的方向变化（如，此时攻击行为有增加的趋势），而不是在控制阶段（如，此时攻击行为保持低水平且稳定），那么问题行为可以归因于该变量，因为此变量是两个情境之间唯一的区别。在倒返设计中，有许多方法可以安排情境，但我们将着重讨论A-B-A-B 设计。

在 A-B-A-B 设计中，你要做的第一件事情是尝试在控制情境或测试情境中获得稳定的反应；无论选择哪一个，这都会是你的"A"。如果你决定从控制情境开始，那么你希望看到问题行为发生的频率很低，甚至为零，或至少呈下降趋势。一旦你获得了可预测且稳定的趋势，那么就可以再引入一个测试情境。

你也可以选择在倒返设计中加入额外的测试情景。如果这样做，只需要添加一个字母，如"A-B-A-C"，"A"可以是控制情境，"B"可以是注意功能的测试情境，而"C"可以是逃避功能的测试情境。

倒返设计的优点是，它是实验控制最有说服力的证明。它可以通过反复接触依联关系来加速学习。此外，在连续的回合中使用相同的依联关系，可以减少干预干扰的概率。倒返设计的一个局限性是会在评估中耗费更多的时间，因为回合是连续进行的，直到有了稳定的反应为止。在评估危险和有害的行为时，这种担忧会更多一些。

## 多成分设计

多成分设计是快速交替使用测试和控制情境。这种设计的优点是在改变情境之前不必等待数据的稳定性，并能更快地显示实验控制。如果在功能分析中有一个以上的测试情境，这种设计可以允许你有效地评估多种功能。这种设计的一个局限是潜在的干预干扰，因为是在有不同依联关系的情境之间快速切换的。

# 方法

## 标准化功能分析

标准化功能分析（例如，Iwata 等人，1982/1994）是对间接评估和描述性分析的改进，因为它的本质是实验性的。如果你不能确定什么功能，或什么功能在维持问题行为，这是一个很好的起点，因为它测试的是社会性和非社会性（自动）的功能。这种方法也可以确定与访谈和观察结果并不相关的功能（例如，逃避）。然而，标准化功能分析可能需要更长的时间来完成。

标准化功能分析的另一个局限在于，无法真正实现依联关系的反转，因为相对于多个测试情境来说，是在单一的控制情境中改变多个变量。因此，这种方法的内部效度较低。另一个潜在的限制是，标准化功能分析可能无法检测出影响行为的独特变量，例如，影响行为的特定建立型操作（EO）或结果。

参与者也可能难以学习标准化功能分析中的依联关系，因为许多不同的依联关系，是在不同情境下起效的。此外，他们可能很难分辨那些迅速切换的或有相似刺激特征的情境。例如，忽视和注意情境都提到治疗师站在离参与者较远的地方，并且要保持安静。

## 单一功能的功能分析

单一功能的测试—控制方法经常被应用于多成分设计，这种方法同样涉及情境之间的快速切换，但只注重在一个测试情境和一个控制情境进行切换，这限制了干预干扰的可能性。如果已有强有力的证据证明某个特定的功能，那么这种设计是适用的。如果你做了一些访谈和观察，但不能确定该行为的单一功能，那么标准化功能分析可能更适用，因为这种方法可以测试多种功能。

单一功能评估中测试—控制对照的一个优势是，它允许对潜在的相关功能进行快速评估。因此，因变量的任何变化都可以归因于被评估的这个功能，而且可以在很短的时间内操作起来，尤其是在使用多成分设计时。此外，只测试一个功能通常会增加参与者更快习得依联关系的可能性。

因为单一功能的简单性，使得它有一些缺陷。由于是在测试和控制情境之间做比较，你可能会忽略其他功能。当然，你可以随时实施额外的评估来测试其他功能，进一步检验这种可能性。如果发现额外的功能也会产生影响，那我们将得出该行为有多重功能的结论。

如果你在多元素设计的背景下实施单一功能功能分析，那么上述的缺陷同样存在，即在区辨学习上的困难和潜在的干预干扰。如果这些挑战里的任何一个变得很值得关注，你可以改用倒返设计来解决这些潜在的混乱。

## 潜伏期功能分析

潜伏期可以作为一种测量系统用于各种功能分析方法，也可以作为一种独立的评估方法。在回合的开始，临床人员在呈现 $S^D$ 时就按下计时器，目标行为第一次出现时按停计时器。回合根据情境的不同，在不同的时间结束。在测试情境中，目标行为第一次发生之后提供后果，接着终止这个回合，例如，在治疗师给了参与者 3～5 秒的关注后，或者在任务被移除 20 秒后。如果目标行为没有发生，那么只要回合的时限到了（例如，5 分钟）就终止回合。在潜伏期功能分析中，实施独处和控制回合时，临床人员应该在目标行为第一次发生后，等待一段事先预定好的时间再结束此回合。Thomason-Sassi 等人（2011）在目标行为第一次发生后等待了 1 分钟结束回合，而我们干预小组选择在目标行为第一次发生后 20 秒再停止回合。与测试情境的回合一样，如果目标行为从未发生，回合将在预设的时间期限后结束（例如，5 分钟）。

潜伏期功能分析的优势之一是效率。由于每个回合都是在目标行为第一次发生后终止的，所以回合可以在很短的时间内进行，尤其是当目标行为发生在回合的早期时。在评估有高危行为的人时，这也是一种合理的方法。在其他类型的功能分析中，目标行为第一次发生后，评估并不会结束，如果目标行为是危险的，这将使参与者面临更大的受伤风险。

潜伏期功能分析对于可能只发生一次的行为特别有用，如跑走或在公共场合小便。还有一些行为是有破坏性的，需要对环境进行还原（例如，撕掉学习材料），这些行为很适合潜伏期功能分析，因为治疗师可以在问题行为发生后结束回合，为下一个回合重新设置环境。

通过与基于回合的功能分析相比较，可以看出潜伏期功能分析的另一优势。在潜伏期功能分析的回合中，如果行为没有立即发生，建立型操作仍可以建立起来，而在基于回合的功能分析中，回合的时长通常较短（2 分钟）。在潜伏期功能分析中，如果你实施了 10 分钟的回合，随着时间的推移，为潜在建立型操作的增长也提供了机会，同时，如果目标行为确实发生了，还可以利用这一点快速进入到下一个回合。

潜伏期功能分析的局限性之一是，参与者可能难以习得依联关系，因为回合在目标行为首次发生之后就结束了。在一个回合中，有变动幅度的机会很小，所以可能很难实现对不同情境的区辨，也很难从整体上了解该行为。例如，在了解餍足是如何影响行为时，比如自我刺激行为，你可能会需要持续观察参与者在很长一段时间内重复出现此行为。对于潜伏期功能分析的研究也很少，而标准化功能分析已被缜密研究了几十年。

## 前兆事件功能分析

前兆事件评估中，严重问题行为的前兆行为是根据访谈、直接观察或条件概率分析确定的。之后，这个前兆行为将作为评估的主要目标行为。研究人员使用了条件概率分析，以确认在前兆事件发生后，一般紧接着会出现更严重的行为。

简单来说，如果真的有前兆事件，那么对这些前兆实施功能分析会比对目标行为实施更安全。按照推测，如果前兆行为很快被强化，参与者就不会出现更严重的行为。另外，治疗师也可能更容易激发前兆行为；如果推测是真的，那么此功能分析的过程会更有效率。

前兆行为功能分析的目的是通过强化不太严重的替代行为来防止更严重的行为发生。如果你必须做一个条件概率分析，你可能会花一些时间观察某人的替代行为和严重行为。从本质上讲，为了创造一个有效的功能分析，你可能会花更多的时间来允许这一行为的发生，这使得整个过程效率不高。

在分析危险的问题行为时，前兆行为有可能成为一种更安全的选择。但是，如果前兆行为与主要关注的严重行为没有相同的功能，那么你实施的就是一个低效的功能分析。在这种情况下，你可能最终还是会用严重行为作为目标行为来实施功能分析。

## 基于回合的功能分析

在日常活动中，基于回合的功能分析是一个不错的选择，因为你可以培训照护者在自然环境中进行评估。此方法可以在个人的日常活动范围内，无需额外支持的情况下，全天地记录数据。

在基于回合的功能分析中，每个回合被分为两个 2 分钟的时间段，先是控制回合，接着进行测试回合。你应该保持情境的这种顺序（控制情境放在第一），因为研究表明在测试情境之后实施控制情境的话，残留效应（carryover effects）可能会导致问题行为发生（Bloom, Iwata, Fri, Roscoe & Carreau, 2011）。

在控制的时间段，建立型操作是不存在的，所以强化物是可以自由使用的（或者说，在逃避的控制情境中不呈现）。例如，在注意功能的控制情境下，照护者将提供非依联的注意。治疗师坐在参与者的旁边，并提供关注。在逃避的回合中，建立型操作是不存在的，即厌恶刺激是不存在的，例如任务材料将不存在。你不呈现任务，只坐在参与者身旁 2 分钟。在第二个时间段，你加入测试情境。在注意情境中，你从参与者的位置转身，移除注意；而在逃避情境中，你说"现在应该做任务了"，并呈现出要求。在测试时间段，建立型操作是存在的。如果个体在这 2 分钟内发生了行为，你将提供后果。控制和测试回合在第一次出现目标行为时，或 2 分钟时间段截止时结束。唯一的例外是，在忽略情境中，无论目标行为是否出现，都会在 2 分钟截止的时候结束。

在每个时间段中，如果目标行为发生，临床人员只需要记录"+"，如果目标行为没有发生，则为"－"。计算控制和测试情境中，目标行为发生回合的百分比，并以柱状图的形式呈现每个情境中两个不同回合的对比情况。

基于回合的功能分析提供了一些方法上的优势。如果平日与参与者互动的照护者可以实施这些回合，那么需要的资源则更少。如前所述，评估可以在日常生活中的自然环境下进行。在评估过程中做的笔记可以帮助临床人员捕捉潜在的建立型操作，这些建立型操作则可被安排进干预计划，或在以后被纳入更具体的功能分析评估。

如果你在教室里很忙，或者并不想把参与者从她/他最熟悉的环境中带离，基于回合的功能分析就很有用。这提供了一个高效的元素，这种评估对服务对象和临床团队的日常工作干扰最小，尤其是在确定了一个明确的功能时。这种设计还允许更多的团队成员熟练地掌握实施功能分析的某些部分，如果你想在以后的时间里，对特定的团队成员培训其他的功能分析内容，这也会使培训更加有效。如果没有明确的功能出现，你仍然有建立型操作和强化物的相关信息，来帮你构建一个更细致的功能分析。

在考虑是否实施基于回合的功能分析时，也要了解几个缺点。不受控的变量可能会干扰实验控制，例如同伴看了一眼参与者，或者有人在旁边说"告诉他安静一点"，通过类似的方式提供了注意。因为时间较短，个体和建立型操作的接触也很有限。汇总的数据可能会掩盖暂时的反应规律，因为是把所有评估环节合并到特定情境回合中，以柱状图来呈现。也许，这种方法最大的局限性在于，其传统的形式下，基于回合的功能分析是没有实验性的。但可以通过在多元素设计中把每个试验作为一个数据点来绘制，而不是把数据汇总到一个柱状图来打破这个限制。最后，因为我们只记录行为发生或不发生的数据，分析可能会受到限制。这种类型的数据收集方式无法对数据的趋势和变动幅度进行分析。

## 延长的独处/忽略情境

延长的独处/忽略情境包括实施一次较长的回合或多次连续实施较短的回合。如果问题行为是由社会性后果维持的，那么这种形式可以观察到问题行为的消退，如果问题行为是由自动强化维持的，那么这种形式可以观察到行为持续地高频发生。如果你推测自动强化是行为的功能，这个设计是一个很好的首选设计，可以帮助人们弄清从标准化功能分析中得出的无差别数据。

在确定延长独处/忽略回合的长度时，如果行为发生频率很高，且治疗师在场，可能预示着其他行为被强化，那么你可能会选择更长的回合（如，30 分钟）。例如，当治疗师进入房间时，参与者可能开始提要求。如果治疗师随后离开，且行为功能是获得实体物品，那么拒绝参与者获得实体物品可能会引发问题行为。相反，如果你正在进行 30 分钟的回合，可能会发现，由于餍足或疲劳，问题行为会减少。如果是这种情况，你可以在实施回合时进行短暂休息来中断回合，如，出去走走。

延长的独处/忽略回合的主要限制是缺乏实验控制。此外这种方法不允许你对特定的社会性和非社会性功能进行测试。因此，通过这种功能分析你可能会发现一个明确的自动功能并设计了干预方法，之后才发现还有一个相关的社会性功能也需要解决。

如果你确实发现该行为是通过自动强化来维持的，那么可能有必要检查一下后果的哪一方面是在维持该行为。是视觉？触觉？还是听觉的？功能分析分析可能会让你确定自动强化是否在维持该行为，但通常需要确定更多信息才能设计出有效的干预方案。想想，如果一个参与者拉火警警报的行为是通过自动强化来维持的。激发这种行为的相关刺激特征可能是警报器拉响时产生的闪光或噪音，也可能是与拉动操作杆有关的触觉后果。如果维持行为的后果仅仅是触觉上的，那么可以允许参与者拉动一个未激活的警报器，同时这个警报器可以被随身携带到不同场合。如果警报发出的噪音是激发行为的后果，这种类型的干预可能就不会对行为产生影响。

## 受采访信息指导的综合依联关系分析

受采访信息指导的综合依联关系分析（The interview-informed synthesized contingency analysis, IISCA）（Hanley et al., 2014; Jessel, Hanley & Ghaemmaghami, 2016）是一种功能分析，最有可能的强化物是在访谈和观察中确定的。在测试情境下，这些潜在的强化物在目标行为发生之后被呈现。在控制情境中，强化物是可以自由获取的。或者在负强化被认为有关时，不被呈现的。

受采访信息指导的综合依联关系分析可以帮助临床人员更快地确定一个功能。这种方法也可以更好地模拟自然环境中激起目标行为的条件。越来越多的实证证据表明，这种类型的功能分析可以准确地确认功能，并在发展干预方案方面比传统功能分析更高效。

然而，这项分析也有几个潜在的缺点，例如，这种方法实验性较差，因为在研究因变量的变化时，变量并不是孤立的。其他变量有可能被认为是相关的，但其实他们并不相关（例如，虽然老师提供了注意和玩具，但只有注意才是真正维持行为的功能）。对其数据的误解可能导致干预计划花费更多的精力和资源。另一个挑战是，很难建立一个可靠的访谈方法。不同的临床人员在评估同一名参与者时，每个人对行为功能的假设可能会互相矛盾。

# 本章提及的表格和表单

### 表 5.1　测量、实验设计、方法测验

姓名：＿＿＿＿＿＿＿＿＿＿　　　日期：＿＿＿＿＿＿＿＿＿＿

---

1. 当儿童或成人可能需要多次学习回合来确定你功能分析的依联关系时，或者，根据你的访谈和观察，行为的功能不明确时，使用哪种功能分析方法最合适呢？（1分）

   a. 基于潜伏期的功能分析（Latency based FA）

   b. 标准化功能分析（Standard FA）

   c. 回合制功能分析（Trial-based FA）

   d. 单一功能功能分析（Single Function FA）

2. 描述倒返和多成分实验设计之间的区别？（1分）

3. 简述标准化功能分析的两个局限性？（2分）

4. 在基于潜伏期的功能分析中，游戏或控制情境下，目标行为发生后，治疗师应该做什么？（1分）

5. 下列哪一项不是回合制功能分析的优势？（1分）

   a. 需要较少的资源来进行

   b. 这种方法可以让你捕捉不一样的建立型操作

   c. 能让你以不连续的方式实施评估

   d. 逐个回合加强了对数据的解释

6. 乔出现拍手的刻板行为。假设该行为是由自动强化维持的，哪种方法可以让你最有效地测试这个假设？（1分）

7. 萨莉出现咬手腕形式的严重自伤行为。她的临床人员找到你讨论进行功能分析。临床人员计划使用传统的功能分析方法，即 5 分钟一个回合，但想知道你是否也认为这是最好的方法。如果你不同意，你会建议使用哪种功能分析方法，为什么？你的反馈意见是什么？（3分）

   功能分析方法：传统　　或　　其他

   ＿＿＿＿＿＿＿＿＿＿＿＿＿＿＿＿＿＿

   理论依据：

   给临床人员的反馈：

8. 如果你担心干预过程中的干扰因素，哪种实验设计是最好的？（1分）

   a. 倒返

   b. 多成分

   c. 变动标准

   d. 回合制

续表

9. 前兆事件功能分析方法的两个局限性是什么？（2分）

10. 你已经为你的功能分析选择了一个潜伏期的方法和测量系统。测量潜伏期的治疗师知道何时开始和按停计时器，因为它与测量目标行为有关。但是，他们对何时开始和停止回合计时器感到困惑（即，何时应该停止回合）。同事问你，在社会测试情境、独处/忽略情境和控制情境中，什么时候应该开始回合计时器，什么时候应该停止它。你的回答是什么？（4分）

开始测试和控制情境（1分）：

停止社会测试情境（1分）：

停止控制和独处/忽略情境（2分）：

11. 拉里总是把物件塞进嘴里含着。有时，她会含着物件很长时间（例如，2分钟），有时，她则反复把不同的物体含在嘴里，持续时间很短，反应间距也很短（例如，拿起一个放进嘴里含着，很快放下，又拿起另一个物品，含在嘴里）。临床人员正在使用标准功能分析来评估拉里把物件含在嘴里的行为。什么测量系统最适用于分析这种行为？（1分）

12. 下图描述的是哪一种类型的功能分析数据？（1分）

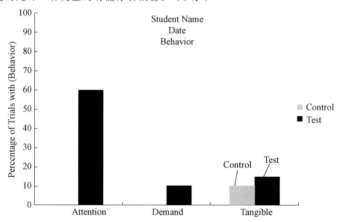

13. 你的同事萨曼莎正在为一个有严重攻击行为、破坏公物和自伤行为的服务对象工作。她认为这些行为都是由相同的功能维持的，尽管破坏公物的行为往往会先发生。她考虑将这三种行为都视为目标行为实施功能分析。她是否该测量所有的三种行为，如果是的话，你建议她如何做？相反，她是否能只测量其中的一个或两个行为，如果能的话，测量哪一个？（2分）

14. 在提供的空格中，写出你认为可用的最好的测量系统，并解释原因（3分）：

    a. 有明确开始和结束的危险自伤行为：

    b. 自我限制（将手塞在衣服下面或其他身体部位下面），往往持续时间很长：

    c. 扔东西：

总分（满分24分）：＿＿＿＿＿＿＿＿＿＿＿

## 表 5.2　测量、实验设计、方法答案

姓名：_____　　日期：_____

1. 当儿童或成人可能需要多次学习回合来确定你功能分析的依联关系时，或者，根据你的访谈和观察，行为的功能不明确时，使用哪种功能分析方法最合适呢？（1 分）

　　a. 基于潜伏期的 FA（Latency based FA）

　　**b. 标准化 FA（Standard FA）**　✓

　　c. 回合制 FA（Trial-based FA）

　　d. 单一功能 FA（Single Function FA）

2. 描述倒返和多成分实验设计之间的区别？（1 分）

*多成分设计涉及在多个测试和控制情境之间快速交替进行，而倒返设计涉及在改变情境之前，连续进行一样的测试或控制回合，直到实现数据的稳定性（或可预测性）。*

3. 简述标准化功能分析的两个局限性？（2 分）

　　*以下答案中任何两个对了都算对（每个答案 1 分）*

　　*1）快速地在多个情境之间交替，有可能出现干预干扰。*

　　*2）评估中多情境和多个依联关系的快速切换，使参与者可能在区辨情境上有困难。*

　　*3）测试情境和控制情境之间存在多种差异，这是你无法将一个独立变量隔离为两种情境之间的唯一区别。*

　　*4）因为你有一个控制情境和多个测试情境的固定回合长度，评估可能比其他功能分析更耗时。*

4. 在基于潜伏期的功能分析中，游戏或控制情境下，目标行为发生后，治疗师应该做什么？（1 分）

　　*在终止回合前等待 20～30 秒，以避免出现意外的强化。*

5. 下列哪一项不是回合制功能分析的优势？（1 分）

　　a. 需要较少的资源来进行

　　b. 这种方法可以让你捕捉不一样的建立型操作

　　c. 能让你以不连续的方式实施评估

　　**d. 逐个回合加强了对数据的解释**　✓

6. 乔出现拍手的刻板行为。假设该行为是由自动强化维持的，哪种方法可以让你最有效地测试这个假设？（1 分）

　　*加长的独处情境*

7. 萨莉出现咬手腕的形式的严重自伤行为。她的临床人员找到你讨论进行功能分析。临床人员计划使用传统的功能分析方法，即 5 分钟一个回合，但想知道你是否也认为这是最好的方法。如果你不同意，你会建议使用哪种功能分析方法，为什么？你的反馈意见是什么？（3 分）

功能分析方法：传统　　或　　　其他

_____

对回答进行打分

**同意或不同意（1 分）：**

告诉临床人员，你不同意标准化功能分析（FA）是最好的方法。

**逻辑依据（1 分）：**

考虑到自伤行为（SIB）的严重性，以及需要大量的回合时长来获得可解释的结果，在这种情况下最好采用传统功能分析以外的方法。回合时长的延长会增加个体因问题行为受伤的风险。

能够进行更有效分析的替代方法，例如单一功能功能分析，或者基于潜伏期或前兆事件功能分析将是更好的选择。

考虑到与严重自伤行为相关的健康和安全风险，临床人员应选择一种可以高效分析自伤行为的方法和设计，或者对另一种功能相同但形态不同的行为进行评估。

**给临床人员的反馈（1 分）：**

给予临床人员首要的反馈应该是，目标行为的严重程度和风险应该影响他或她对功能分析方法的选择。

鼓励临床人员将注意力集中在访谈和观察的过程中，帮助形成一个具体的、可以使用测试—控制多成分涉及来评估的假设。

如果临床人员猜想有多个功能，或者在使用了评估前的测量之后对功能不清楚，那么潜伏期设计也是一个很好的选择，因为它包含了和标准功能分析一样会有的多重测试情境，但是目标行为发生的情况下，回合时长会减少。

如果在设计功能分析之前能够确定严重自伤行为的可靠前兆事件，那么前兆事件功能分析也是一个不错的选择。

续表

8. 如果你担心干预过程中的干扰因素，哪种实验设计是最好的？（1分）

**a. 倒返** √

b. 多成分

c. 变动标准

d. 回合制

9. 前兆事件功能分析方法的两个局限性是什么（2分）？

以下答案中任何两个对了都算对（每个答案1分）

1）在设计功能分析之前确定一个可靠的前兆事件可能会很费时间，这个时间用作功能分析回合时间可能会更好。

2）前兆行为和问题行为的功能可能并不一致。

3）找出前兆行为的方法没有很好的确立和验证。

10. 你已经为你的功能分析选择了一个潜伏期的方法和测量系统。测量潜伏期的治疗师知道何时开始和按停计时器，因为它与测量目标行为有关。但是，他们对何时开始和停止回合计时器感到困惑（即，何时应该停止回合）。同事问你，在社会测试情境、独处/忽略情境和控制情境中，什么时候应该开始回合计时器，什么时候应该停止它。你的回答是什么？（4分）

开始测试和控制情境（1分）：

治疗师应该在呈现 $S^D$ 之后立即按下计时器

停止社会测试情境（1分）：

在测试情境中，一旦目标行为按照操作定义的那样出现了，治疗师应立即按停计时器。

停止控制和独处/忽略情境（2分）：

在控制情境和独自/忽视情境中，目标行为发生后20秒

11. 拉里总是把物件塞进嘴里含着。有时，她会含着物件很长时间（例如，2分钟），有时，她则反复把不同的物体含在嘴里，持续时间很短，反应间距也很短（例如，拿起一个放进嘴里含着，很快放下，拿起另一个物品，含在嘴里）。临床人员正在使用标准功能分析来评估拉里把物件含在嘴里的行为。什么测量系统最适用于分析这种行为？（1分）

持续时间不是一个很好的选择，因为该行为的频率和较短的反应间距，很难一直记录。临床人员可以使用频率作为测量系统，但应该知道，因为行为的快速性，记录可能会很困难。临床人员使用较短的间隔（例如5秒），使用时段抽样观察法可能是最好的选择。

**续表**

12. 下图描述的是哪一种类型的功能分析数据？（1 分）

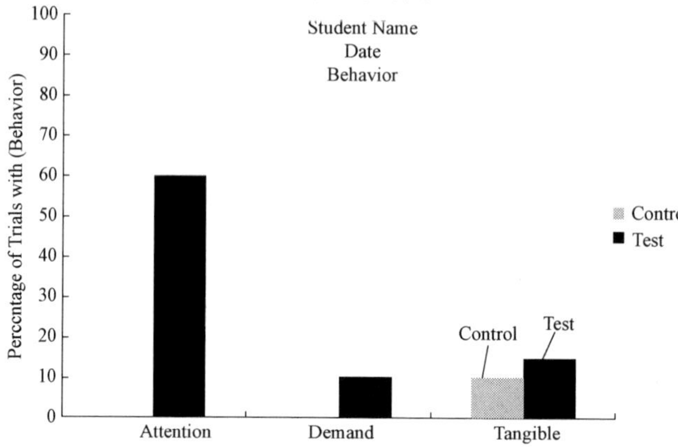


基于回合的功能分析

13. 你的同事萨曼莎正在为一个有严重攻击行为、破坏公物和自伤行为的服务对象工作。她认为这些行为都是由相同的功能维持的，尽管破坏公物的行为往往会先发生。她考虑将这三种行为都视为目标行为实施功能分析。她是否该测量所有的三种行为，如果是的话，你建议她如何做？相反，她是否能只测量其中的一个或两个行为，如果能的话，测量哪一个？（2 分）

（建议选择一个问题行为，得 1 分。

选择破坏公物，或第一个出现的行为作为目标行为，得 1 分。）

向萨曼莎建议，她应该只选择一个行为作为目标行为。因为文献中已证实多个目标行为的测量会导致更多无法区辨的结果。

可以选择破坏公物作为目标行为，因为它往往首先发生。或者，她也可以选择第一个出现的行为作为目标行为。

14. 在提供的空格中，写出你认为最好的测量系统，并解释原因（3 分）：

a. 有明确开始和结束的危险自伤行为：

频率（容易计算）；潜伏期（可能是反应强度的一种很好的表现方式），受训者也可以回答，除了使用潜伏期作为测量系统之外，潜伏期功能分析方法也是一个很好的选择。

b. 自我限制（将手塞在衣服下面或其他身体部位下面），往往持续时间很长：

频率可能无法提供区辨不同情境下的数据所需的变动幅度，也无法准确测量行为。

时长将是记录这种行为的一个很好的选择，因为行为发生在很长一段时间内，时长是一个非常有价值的维度。时距记录也是一个很好的选择，尽管连续测量是首选。

c. 扔东西：

扔东西可能是一个非常可数次数的行为，所以频率会是一个很好的选择。

如果服务对象一旦开始出现破坏公物行为，他或她就会持续很长时间，那么潜伏期也是一个很好的测量系统。

总分（满分 24 分）：____________________

# 第六章　制图、图表数据解释、管理无差别的数据

**概述**

本章叙述了功能分析培训课程的第五层级，包含了对功能分析数据进行制图的方法，通过视觉分析解读图表，根据测量方法设计图表，以及管理无差别的数据。

**关键词**

应用行为分析；实验评价；图表设计；数据解释；功能分析；培训课程；受训者督导

## 培训步骤概述

课程的第五层级标志着后分析阶段（postanalysis）[①]的开始，换一种说法就是，在评估（或至少在部分评估）实施后，临床人员需要具备的技能。在功能分析之后，临床人员需要能够绘制数据图表和解释数据来确定一个或多个功能，并在数据无差别时对评估过程的下一步做出决定。

课程的第一部分首先会分发讲义，以及学习用 Microsoft Excel 2016 创建图表进行任务分析（详见表 6.1），其中包括创建倒返、多成分和基于回合三种功能分析图表的任务分析。受训者被要求使用这些指南去创建任务分析中所演示的图表，培训师则回答他们在这个过程中可能遇到的问题。这部分训练是自我指导的，即使受训人员在制图上很少甚至没有经验时，我们也发现它十分有效。在这段教程后，受训者将会接受制图测验，此时每一种功能分析图表的数据集

---

[①] 译注：后分析阶段（postanalysis），即实施了功能分析之后的阶段。

都会给出（详见表 6.2）。受训者在培训阶段完成制图，之后，将图表通过电子邮件形式发送给培训者进行打分。受训者制作的图表可以与制图测试答案进行比较（详见表 6.3），并用表 6.4 中显示的功能分析图表评分规则来评价制图的准确性。

当受训者展示了其绘制数据图的能力后，培训者就开始进行解释数据的教学。我们最初使用了 Hagopian 等人（1997）描述的解释方法，在培训员工时，对各种类型的数据解释方法进行了修订（Chok, Shlesinger, Studer & Bird, 2012）。然而，随着时间的推移，我们更倾向于使用传统的视觉分析，因为在日常工作当中我们也用视觉分析来解释其他图表。因此，培训的这一部分包含了一些教科书中所叙述的视觉分析原则，例如 Cooper 等人（2007）与 Gast 和 Leford（2014）所描述的。这一部分教学使用幻灯片演示进行，然后使用测试来评价受训者的表现，图表解释测试可参照表 6.5。受训者的回答则使用图表解释测试答案（表 6.6）进行评分。

临床人员实施功能分析时也可能会遇到无法明确功能的数据，因为这些数据是无差别的。因此，我们还在教学中加入了额外指导，指导当数据较多且无差别时，需要采取的步骤（Vollmer, Marcus, Ringdahl & Roane, 1995），以及当数据较少且无差别时，可采取的步骤（Chok et al., 2012; Hanley, 2012; Hanley et al., 2003）。这里关于如何对待无差别数据的教学使用幻灯片演示来进行，然后用测验来评价表现，可使用管理无差别数据测验（表 6.7）。培训者可使用管理无差别数据测验的答案（表 6.8）对受训者进行评分。

## 第五层级的培训步骤

### 制图

1. 培训人员进行幻灯片演讲，并向受训者发放讲义，使用 Microsoft Excel 2016 创建图表的任务分析（表 6.1），其中提供了关于如何制图的分步说明。

2. 受训者参加制图测验（表 6.2），并将测验完成图表与制图测验答案（表 6.3）进行对比。

3. 使用功能分析图表评分规则来评价成绩，如表 6.4 所示。

### 图表解释

1. 培训人员采用幻灯片演讲来教授图表解释。

2. 受训者完成图表解释测试（表 6.5）。

3. 采用图表解释的答案对测试进行评分（表 6.6）。

### 无差别的数据

1. 培训人员采用幻灯片演讲来教授管理无差别的数据。

2. 受训者参加管理无差别数据测验（表 6.7）。

3. 采用管理无差别数据测验的答案对测验进行评分（表 6.8）。

## 通过第五层级的标准

- 在制图测验中获得 90%或更高的准确率。

- 在图表解释测试中获得 90%或更高的准确率。

- 在管理无差别数据测验中获得 90%或更高的准确率。

# 制图

数据收集之后，下一步就是创建图表，来描述功能分析的结果。尽管有许多方法来绘制功能分析数据的图表，我们在此列举了一些推荐的标准化方法，以帮助解释过程更加有效。所有描述功能分析结果的图表应包括以下内容：

- 标题

- 不同情境有不同的符号表示

例如，空心的符号（白色填充）代表控制情境，实心的符号（有填充色的）代表测试情境

- 有名称的 y 轴

- 有名称的 x 轴

回合呈现在 x 轴上（除非是基于回合的数据图），而目标行为和测量系统则呈现在 y 轴上（例如，攻击行为的潜伏期）。在呈现图表时，不仅要让人注意到图表的基本要素（如，功能分析的类型，y 轴标签，x 轴标签，数据路径的趋势），

还要让人理解这么安排的理由。一定要向其他相关人员阐明数据结果的背景，否则他们将很难理解你为什么这么做。例如，向其他人员提供被评估人的背景信息，为什么他或她的问题行为具有社会意义，以及为什么你会选择这种类型的功能分析（例如，功能分析的类型，测量系统，实验设计）。

表 6.1　用 Microsoft Excel 2016 创建图表的任务分析

**倒返设计　数据图**

**输入数据**

1. 输入回合的标签（在单元格 A1 中）。

2. 在相邻列的第一个单元格中为你的每个情境输入标签。

    a. 例如，B1 栏=注意

    b. 例如，C1 栏=逃避

    c. 例如，D1 栏=游戏

3. 在下一列中输入标签 "情境分割线"（例如，El）。

在你输入这些标签后，你的图表看起来应该如下：

4. 在 A 列下面的单元格中输入每个会话的数字（例如，1，2，3，4，……）。

5. 在注意、逃避和游戏单元格中输入相应的数据，注意，要在没有数据的单元格中留空（不要输入零）。

    a. 要输入注意的值：0，0，0，0

    b. 要输入逃避的值：8，9，10，12

    c. 要输入游戏的值：0，0，0，0

    d. 要输入逃避的值：10，12，10，11

    e. 要输入游戏的值：0，0，0，0

6. 在 "回合#" 数列中插入两个情境分割线，值均为两个数字中间值。

    a. 例如，我们的注意回合在回合 4 停止，而游戏回合在回合 5 开始，所以你要在回合栏下的 4 和 5 的值之间加入 4.5 和 4.5（注意是两个 4.5）。

    b. 在情境分割线一列中，为第一个 4.5 回合输入 0 的值，然后从最高的数据值向上取整，以确定将为第二个 4.5 回合列出哪个数字（在这种情况下，最高的数据值为 12，所以我们取整为 15）。

在你输入数据后，你的图表看起来应该如下：

续表

| 回合# | 注意 | 逃避 | 游戏 | 情境分割线 |
|---|---|---|---|---|
| 1 | 0 | | | |
| 2 | 0 | | | |
| 3 | 0 | | | |
| 4 | 0 | | | |
| 4.5 | | | | 0 |
| 4.5 | | | | 15 |
| 5 | | 8 | | |
| 6 | | 9 | | |
| 7 | | 10 | | |
| 8 | | 12 | | |
| 8.5 | | | | 0 |
| 8.5 | | | | 15 |
| 9 | | | 0 | |
| 10 | | | 0 | |
| 11 | | | 0 | |
| 12 | | | 0 | |
| 12.5 | | | | 0 |
| 12.5 | | | | 15 |
| 13 | | 10 | | |
| 14 | | 12 | | |
| 15 | | 10 | | |
| 16 | | 11 | | |
| 16.5 | | | | 0 |
| 16.5 | | | | 15 |
| 17 | | | 0 | |
| 18 | | | 0 | |
| 19 | | | 0 | |
| 20 | | | 0 | |

**创建图表**

1. 选中所有的数据，包括标签列，点击插入选项卡，在图表区选择插入散点图选项，然后选择带直线和数据标记的散点图选项。

选择了这种图表类型，就会出现以下图表：

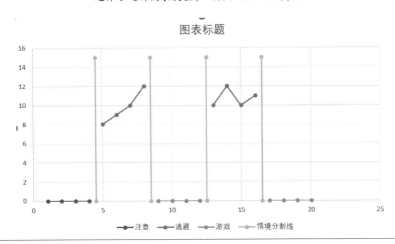

2. 点击图表，选择移动图表，然后选择新工作表，在空格处输入"功能分析倒返图"，点击确定按钮。这将图表移到了单独的工作表上，使它更容易操作。

**编辑图表**

对该图进行编辑，使其看起来更接近行为分析领域中的常规图。

提示：执行下面的步骤时，可以使用键盘快捷键，这样操作更方便。

CTRL + Z = 撤销任何操作；操作中犯了一个错误时，可以使用这个功能。

CRTL + Y = 重复刚才的操作；如果你执行了一个菜单命令，并且想要对图形的其他部分执行相同的操作，那么它非常适合使用。

CRTL + C = 复制所选信息。

CTRL + V = 粘贴被选中的信息。

CTRL + A = 突出显示屏幕工作区域的所有信息；当你想要突出显示图表中的某个部分，并将它们组合成一个整体时，就可以这样在屏幕上移动一个完整的对象，或者粘贴到另一个工作区域。

1. 点击垂直的灰色网格线（如果你选中了它们，在这些线的顶部和底部会出现蓝色的圆圈），然后点击键盘上的"删除（Delete）"按钮。

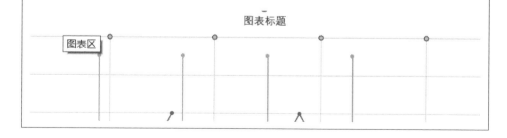

2. 对水平的灰色网格线做同样的操作。

3. 操作之后，图表应该如下图所示。

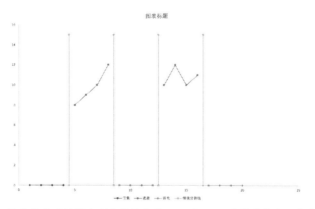

4. 你会发现，y 轴的值高于情境分割线的最高值。回到 Excel 中的数据表，将条件线的顶点值改为 16，这样就能与 y 轴值相等。这一步是可以通用的，这样你就知道在未来的图表中，有需要时如何进行调整，四舍五入为偶数时可能就不需要执行这一步骤。

| 情境分割线 |
| --- |
|  |
|  |
| 0 |
| 16 |
|  |
|  |
|  |
| 0 |
| 16 |
|  |
|  |
|  |
| 0 |
| 16 |
|  |
|  |
|  |
| 0 |
| 16 |

5. 点击图形标签上的 x 轴，选择"设置坐标轴格式"。

    a. 将"最大值"修改为 20，使其与回合数相匹配。

    b. 当完成操作后，图表应该如下图所示。

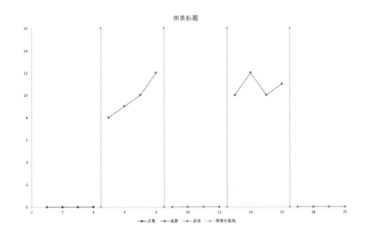

6. 删除对"情境分割线"的引用作为数据路径。情境分割线不是一个实际的数据序列，因此从屏幕底部的图例中删除它们，同时删除附加到情境分割线上的数据符号。

    a. 从图例中删除

      i. 点击图标框下方的图例，你会发现整个图例都被选中

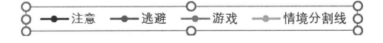

      ii. 在图例中点击"情境分割线"标签，这样只有那一部分被选取。

      iii. 在键盘上按删除键（Delete）。

    b. 从情境分割线上删除符号。

      i. 左键单击附加到条件行上的一个黄色圆圈符号。

      ii. 你会发现选中了一些黄色的圆，因为它们上出现了蓝色的圆（如果没有成功，就单击图形区域外，然后再重试一次）。

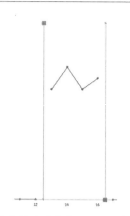

iii. 右键点击其中一个带有蓝色轮廓的黄色圆圈，选择"设置数据系列格式"。

① 左键点击"填充和线条"。

② 左键点击"标记"。

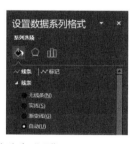

③ 选择"标记选项"，然后选"无"。

c. 完成操作后，图表应该如下图所示。

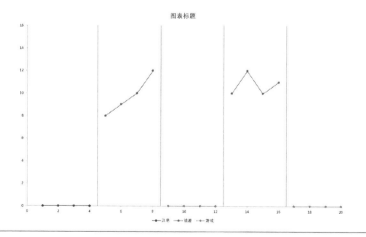

7. 我们现在要做两个改变，使图表在呈现倒返功能分析数据时看起来更合规：一是为每一个功能分析情境选择一个符号；二是去掉颜色，使图表呈黑白色。

  a. 符号

    i. 建议使用空心（用白色填充）符号来表示控制/游戏情境，使用实心（用黑色填充）符号来表示测试情境。如果始终以这种方式来绘制图表，就可以帮助你的客户更容易区分测试情境和控制情境。

    ii. 左键点击注意数据路径，选择"设置数据系列格式"。

      ① 左键点击"填充和线条"。

      ② 选择"实线"，然后在下面的"颜色"选项中选择黑色。

      ③ 你现在可以点击逃避数据路径，同时按"CTRL"和"Y"键。这是"重复操作"功能，将使逃避数据路径变为黑色。

      ④ 左键点击游戏数据路径，按 CTRL + Y。

      ⑤ 所有的数据路径现在应该都是黑色的。

      ⑥ 还要选择情境分割线上方的区域，并按"CTRL"+"Y"使这些线也变成黑色。

**按以上操作之后，图表应该如下图所示：**

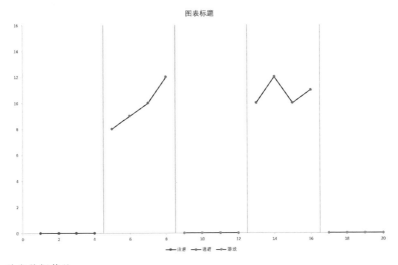

  b. 改变数据符号。

    i. 左键单击其中一个数据点并选择"设置数据系列格式"，选择注意条件数据系列。

    ii. 点击"填充和线条"和"标记"，然后"标记选项"。

    iii. 选择一个独特的符号（例如，正方形），然后改变"大小"为6或7。

    iv. 在"填充"下选择"纯色填充"，然后选择黑色作为颜色。

    v. 在"边框"部分下，选择"无线条"。

续表

vi. 对逃避情境符号和游戏情境符号的选择只需重复上述步骤（你可以将它们设置为圆圈，只需记住选择"纯色填充"，然后为它们设置白色）。对于游戏情境符号，还需要选择"边框-实线"，并将颜色更改为黑色。

c. 明确图例数据符号。

i. 你可能很难一眼看到图例中的符号。

ii. 使符号更容易看到的一种方法是使数据线变细。

①点击图例框，然后点击其中一个图例（例如，游戏情境），该条目会被突出显示。

②在"边框"部分，将"宽度"值调整为 0.5。

③这可以使数据线变细，该符号变得更清晰。

④你还可以通过增大字体使情境的符号更加突出。

·在图例中选择一个情境，然后右键单击，选择"字体"，将大小更改为 14。

· 点击其他情境并按"CTRL"+"Y"重复此操作。

· 图例最终效果应该如下所示。

⑤移动图例，以便给 x 轴的标签提供空间。

· 左键单击图例。

· 选择"设置数据系列格式"。

· 在"图例选项-图例位置"中，选择"靠右"，然后取消勾选"显示图例，但不与图表重叠"复选框。

· 点击"图表标题"，输入功能分析的名称（例如，"攻击行为的功能分析"）。

· 去除边框。

　　在一些数据点附近（不是在数据点上）单击，这样就可以删除制图区域的边界，在边框菜单中选择无线条。

续表

点击图表区域以外的地方（可以是情境分割线顶部的某个地方），之后应该会看到一个标签为"设置绘图区格式"的菜单出现，在边框区域选择"无线条"。

操作之后，图表如下图所示：

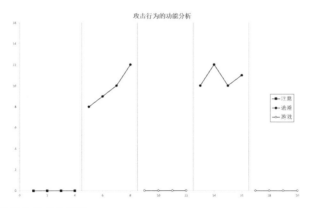

8. 为 x 轴和 y 轴添加坐标轴标题。

a. 左键点击图表。

b. 在菜单上左键点击"图表设计"。

c. 左键点击"添加图表元素"来获取下列菜单。

d. 选择"坐标轴标题",然后选"主要横坐标轴"。

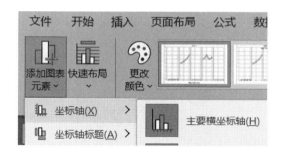

e. x 轴的标题将出现,在标题框中单击左键,删除默认标题,并输入"回合(5 分钟)",以表明正在呈现 5 分钟长度的连续回合(这是本次练习的假设)。

f. 选定文本,修改字体大小为 14。

g. 从"坐标轴标题"菜单中选择"主要纵坐标轴",并重复这些步骤,使用"攻击行为的频率"作为 y 轴标题。

操作完成时,你的图表应如下图所示:

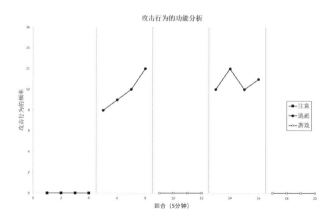

## 多成分设计

**设置标签和创建新的数据表**

1. 右键点击标题为"Sheet 1"的选项卡,选择"重命名"。

2. 输入标题"功能分析倒返数据"。

3. 然后左键点击"+"按钮创建一个新的工作表"。

续表

4. 将此新工作表重命名为"功能分析多成分数据"。

**添加数据**

1. 输入回合的标签（在单元格 A1 中）。

2. 在相邻列的第一个单元格中为你的每个情境输入标签。

    a. 例如，B1 栏=注意

    b. 例如，C1 栏=逃避

    c. 例如，D1 栏=游戏

3. 输入数字 1 到 12，表示有 12 个回合的数据。

4. 在每个情境中输入下列数据。

    a. 注意：

      回合 1 = 6

      回合 4 = 10

      回合 8 = 12

      回合 11= 12

    b. 逃避：

      回合 3 = 9

      回合 6 = 8

      回合 9 = 11

      回合 12= 13

    c. 游戏：

      回合 2=2

      回合 5=1

      回合 7=0

      回合 10=0

**创建图表**

1. 选中所有的数据，包括标签列，点击 "插入 "选项卡，在图表区选择 "插入散点图 "选项，然后选择 "带直线和数据标记的散点图"选项。

一旦完成了这一操作，会出现以下图表：

续表

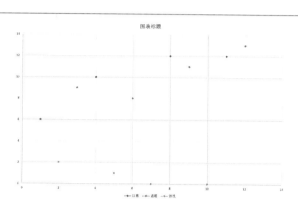

2. 点击图表，选择"移动图表"，然后选择"新工作表"，输入"功能分析多成分图"，点击"确定"按钮。这将把图表移到一个单独的工作表上，使它更容易操作。

**编辑图表**

1. 删除网格线，就像之前所做的那样，通过左键单击这些线并单击删除按钮。

2. 现在，用数据路径链接孤立数据点。

   a. 左键单击其中一个数据路径，然后右击并选择"选择数据"。这将带你回到有新菜单的数据表，看起来应如下图所示：

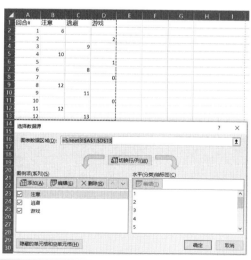

b. 点击"隐藏的单元格和空单元格"选项。

c. 在"空单元格显示为"的选项中，选择"用直线连接数据点"。

完成操作后，图表应该如下图所示：

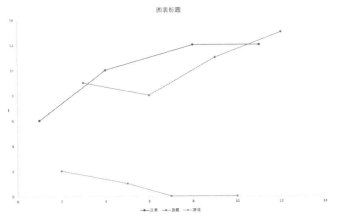

d. 接下来，按照倒返图的步骤进一步编辑图（例如，移动图例，增加图例的字体，使数据路径和点为黑白，消除边框，添加坐标轴标签，等等）。

最终，图表形式应该如下图：

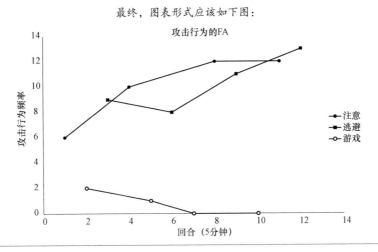

续表

## 基于回合功能分析的柱状图

创建条形图非常简单，需要的编辑程序也少得多。

**输入数据**

按照下面呈现的方式在表格中输入你的数据：

| 情境 | 控制 | 测试 |
|------|------|------|
| 注意 | 5 | 60 |
| 要求 | 10 | 80 |
| 实体物品 | 8 | 8 |

**创建图表**

1. 选中所有单元格（包括标签）。

2. 在主菜单中选择"插入"。

3. 在图标区域选择"插入柱形图或条形图"。

4. 在二维柱形图区域，选择"簇状柱形图"。

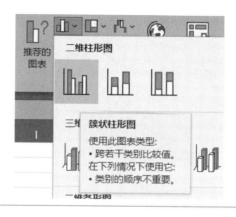

续表

**编辑图表**

1. 将图表移动到一个新选项卡，像前面一样编辑图形标题，删除网格线，删除边框。

2. 这种类型的图表不需要添加 x 轴标题；但是需要添加一个 y 轴标题 "（目标行为）发生回合的百分比"。

3. 图表效果应如下图所示，要注意，如果 y 轴与 y 轴上的数字重叠了，需要修正。

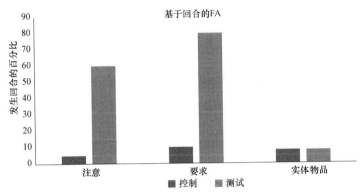

4. 点击绘图区，选中图表，然后左键点击图表的一角并将其拖向屏幕中心，缩小图形为 y 轴的标题腾出空间。现在你可以点击 y 轴的标题，把它向左拖动一下，以便与 y 轴上的数字进一步分开。

5. 增大图例的字体，并将它拖拽到更接近图表的位置。如果愿意，你还可以像在多成分图中那样，将图例放到靠右的位置。当你完成后，图表应如下图所示：

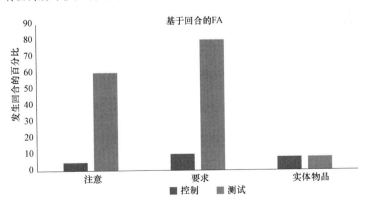

6. 最后，编辑柱形的颜色为黑白。我们一般在测试情境上使用黑色填充，在控制情境上使用白色填充。此外，请记住，如果有一个忽略情境，那么两条柱形都将是白色的，因为没有测试情境。

7. 此时你发现 x 轴是模糊的，y 轴没有实线。

   a. 在 y 轴上单击左键。

b. 右键选"设置坐标轴格式"。

c. 在"坐标轴选项"区域，选择"填充和线条"选项。

d. 在"线条"下，选择"实线"，然后选择黑色。

最终完成的图表应如下图所示：

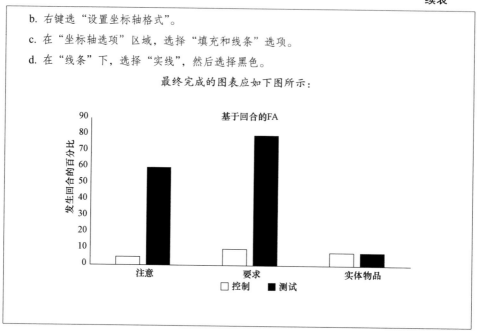

## 本章提及的表格和表单

本章中用到的表单包括用于评价制图技能的测验和测验答案。可以将其复印，以便在之后的培训中使用。

**表 6.2　制图测验**

**倒返图表**

你完成了五分钟时长功能分析回合攻击行为次数的测量，使用以下获得的数据创建一个倒返设计数据图：

| 回合# | 数据 | |
|:---:|:---:|:---:|
| 1 | 10 | 注意测试 |
| 2 | 8 | |
| 3 | 12 | |
| 4 | 9 | |
| 5 | 9 | |
| 6 | 6 | 注意控制 |
| 7 | 3 | |
| 8 | 1 | |
| 9 | 2 | |
| 10 | 1 | |
| 11 | 12 | 注意测试 |
| 12 | 9 | |
| 13 | 11 | |
| 14 | 8 | |
| 15 | 10 | |
| 16 | 3 | 注意控制 |
| 17 | 2 | |
| 18 | 2 | |
| 19 | 1 | |
| 20 | 1 | |

**多成分图表**

你完成了五分钟时长功能分析回合攻击次数的测量，使用以下数据创建一个多成分设计数据图：

| 回合# | 注意 | 独处 | 要求 | 游戏 |
|------|------|------|------|------|
| 1 | 3 | | | |
| 2 | | 1 | | |
| 3 | | | 8 | |
| 4 | | | | 0 |
| 5 | 2 | | | |
| 6 | | 0 | | |
| 7 | | | 7 | |
| 8 | | | | 1 |
| 9 | 0 | | | |
| 10 | | 1 | | |
| 11 | | | 7 | |
| 12 | | | | 0 |
| 13 | 1 | | | |
| 14 | | 0 | | |
| 15 | | | 8 | |
| 16 | | | | 0 |

**基于回合的图表**

你正在测量攻击行为发生回合的百分比，使用以下数据创建一个基于回合功能分析（FA）的图表：

| 情境 | 控制 | 测试 |
|------|------|------|
| 注意 | 15 | 15 |
| 要求 | 20 | 100 |
| 实体物品 | 10 | 20 |

表 6.3　制图测验答案

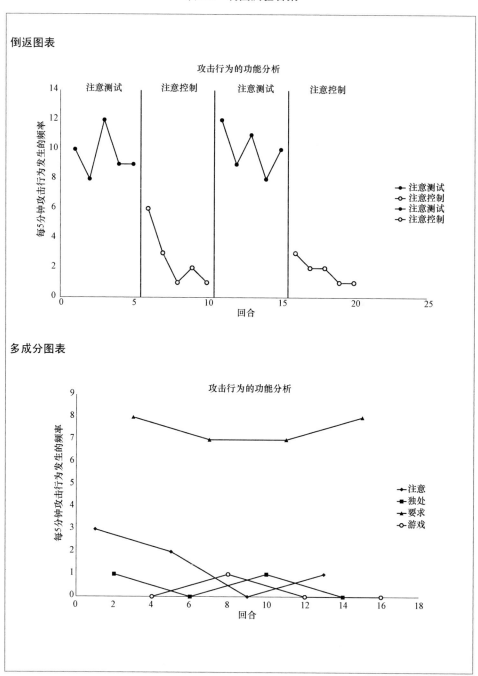

续表

**基于回合功能分析的图表**

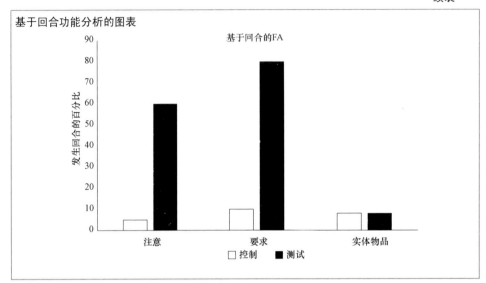

表 6.4　功能分析图表评分规则

受训人：＿＿＿＿＿＿＿＿　　　　　　日期：＿＿＿＿＿＿＿＿

| 评分标准 | 得分 |
| --- | --- |
| **倒返图表** | |
| y 轴上的单位正确 | |
| x 轴上的单位正确 | |
| y 轴的标签（包括回合时长）正确 | |
| x 轴的标签正确 | |
| 图表标题 | |
| 情境变化线位置正确 | |
| 情境标签 | |
| 不同情境之间没有用折线连接 | |
| 数据点和数据路径都为黑色（无色） | |
| 图表无边界 | |
| | |
| 制图总分（满分 10 分） | |

受训人：_____    日期：_____

| 标准 | 得分 |
|---|---|
| **多成分图表** | |
| y轴单位正确 | |
| x轴单位正确 | |
| y轴标签正确（包括回合时长） | |
| x轴标签正确 | |
| 图表标题 | |
| 数据点和数据路径都为黑色（无色） | |
| 图表无边界 | |
| 图例在表中 | |
| 每个情境的标记都不同 | |
| 所有四个情境呈现的数据值都正确 | |
| | |
| 制图总分（满分10分） | |

受训人：_____    日期：_____

| 标准 | 得分 |
|---|---|
| **基于回合功能分析的图表** | |
| y轴单位正确（0～100）[①] | |
| y轴标签正确（攻击行为发生回合的百分比） | |
| x轴标签正确（注意，要求，实体物品） | |
| 图表标题 | |
| 柱形填充色为黑色（无色） | |
| 图表无边界 | |
| 图例在表中 | |
| 在不同的测试和控制条件下柱形图案不同 | |
| 所有三个情境呈现的数据值呈现都正确 | |
| | |
| 制图总分（满分9分） | |

---

① 译注：0～100的数值范围在教学过程中并没有详细提及，但是测试的时候提到了。

# 图表数据解释

完成制图之后，临床人员还要解释这些数据。解释图表时要考虑的关键变量是图表呈现了数据点的数量、数据的变动幅度，以及数据变化的趋势和水平。在解释功能分析的数据时，要在控制情境和各种测试情境之间进行比较。测试情境之间不用互相比较，因为不同的测试情境之间有许多差异。

## 视觉分析

解释图表时，要对不同的情境进行视觉分析。关于数据点的数量，图表中呈现出的数据点越多，在解释数据时就越有信心。对于数据稳定性和变动幅度的分析，以及相邻阶段和情境之间数据的水平和趋势也很重要。如果在干预阶段的早期，行为处在相同水平和趋势上，在随后的复制中则需要更少的数据点。

变动幅度高表明临床人员没能很好地控制环境。换句话说，除了临床人员操控的内容外，还存在其他影响行为的变量。测量过程应该像在实验室一样，临床人员要在保持所有其他变量不变的情况下，谨慎且始终如一地做出相同的调整。

可能会有一些情况超出了临床人员的控制范围，例如参与者出现头痛、下巴痛、胃疼等症状，或因睡眠不足而感到疲惫。如果这些是相关变量，那数据的变动幅度可能会增加。因为临床人员没有预料到的变量出现了变化，或者说临床人员没有发现这些变量是相关的。大多数时候，变动幅度的增加会使解释数据更加困难。稳定的数据通常更容易解释。如果变动幅度很大，临床人员可能需要花费更长时间收集数据，来建立一个可预测的模型。

考虑到有时情况的变化可能会超出临床人员的控制范围，确保情况在临床人员控制范围内，始终如一地实施每一情境的所有要素是十分重要的。如果注意力是一个相关变量，那么临床医生在目标反应发生时提供注意的精确性，可能会影响到变动幅度。同样的道理，每次实施控制情境时，都要用同样的方式提供非依联的注意。

趋势是数据路径的方向，可以描述为增加或上升，减少或下降，或没有（也可以说，零）趋势。在测试情境中，如果数据呈上升趋势，那么至少可以提供部分证据，表明临床人员已经确定了所研究的问题行为的一个相关强化物。但是，如果数据呈下降趋势，就不能证明变量是相关的强化物。在分析控制情境下的趋势时，如果趋势减小，各情境之间的差异会更大，而控制情境下趋势的增加则需要进一步分析。水平是通过看纵坐标轴的数据点值在哪里汇合来确定的。可以绘制一个平均水平线来帮助确定数据的水平，但解释数据时还需要考虑数据的趋势。

## 基线逻辑（倒返设计）

在倒返设计中分析数据时，必须考虑基线逻辑。我们使用稳定状态策略（steady-state strategy）来建立一个稳定的反应规律，这样我们就可以对后续阶段收集的数据得出更准确的结论。稳定状态策略需要反复地将参与者暴露在特定的情境下，同时试图消除或控制任何有干扰的因素。这允许临床人员在引入下一情境之前获得一个稳定的反应规律。

基线逻辑的三个主要组成部分是预测、验证和复制。科研过程的关键组成部分是提出一个基于理性和观察的假设并进一步发展。临床人员提出的假设标志着实验的开始。临床人员通过预测数据的变化来着手分析。获得稳定反应的时间越长，这些数据的预测能力就越强。例如，如果在游戏情境中，攻击行为的频率是每回合出现两次，下一回合是每回合四次，然后是每回合两次，再然后是每回合四次，这样的数据变化持续了很久，那么临床人员可能会对下一阶段数据预测更有信心。如果临床人员的预测只是基于两个回合的数据，对于下个数据点的信心就会大大降低。这个例子强调了图表解释与数据点数量的相关性。

在游戏情境中，如果行为是由社会性功能维持的，那么临床人员会认为目标问题行为发生的比率将保持在较低水平，因为经常提供注意或有形的东西，同时也没有提出任何要求。因此，临床人员会提出预测，如果继续执行游戏情境，目标问题行为的数据将保持低且稳定。

当引入自变量后，数据路径在随后的控制情境阶段保持不变，验证（verification）则会出现。换句话说，临床人员验证的是，如果没有引入一种新情境（例如，注意情境），而是继续实施控制情境，那么数据仍会保持在相同的水平、趋势和变动幅度。在功能分析过程中，一旦临床人员在游戏情境（或控制情境）中建立了稳定的反应，引入了测试情境，并注意到数据水平的变化，验证则可出现。在这一点上，临床人员不能断言是在测试情境中引入了自变量导致了数据水平的变化，因为在发生变化时，可能存在其他的并存变量（例如，当临床人员切换到测试情境时，参与者可能生病了，这导致目标行为更加频繁地发生，如攻击行为）。如果要验证游戏（控制）情境中数据是否保持不变，临床人员需要返回到游戏（控制）情境，就像在前一个游戏（控制）阶段所观察到的那样，去重复观察类似的数据规律。

复制为证明自变量是环境中导致行为变化的相关变量提供了进一步的证据。例如，在测试情境的初始阶段，注意情境下的数据较高，如果在第二个测试情境阶段数据依旧呈现较高水平，那么该自变量的影响将被复制。

## 实验控制（多成分图表）

实验控制的评价标准是看测试和控制情境之间的分离程度，以及它们之间可预测的、可靠的差异。数据重叠越多，临床人员就越难得出自变量导致行为频率发生变化的结论。当控制情境和测试情境之间几乎没有重叠，且临床人员观察到稳定的水平或相反的趋势时，就明确显示了实验控制的存在。

如果存在重叠，或至少一个测试情境的大多数据点都落在控制情境的数值范围之外，就可以证明一定程度的实验控制。当一个或多个测试情境可以与控制情境区分开来时，问题行为的各种功能就已经能确定。如果控制情境行为数据最高，或者与测试情境存在明显重叠，那么数据是无差别的，也就是说该行为可能是通过自动强化维持的。

# 图表解释一节中可重复使用的表格

### 表 6.5　图表解释测试

请指出以下每幅图表所显示的功能，如果功能不能确定，请写"无法分辨"：

1）图表 1：

2）图表 2：

续表

3）图表 3：

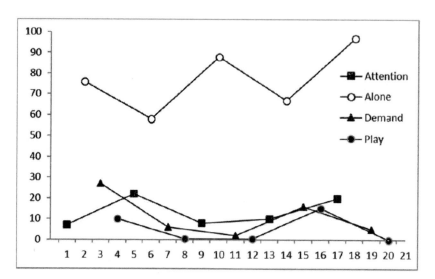

4）图表 4：

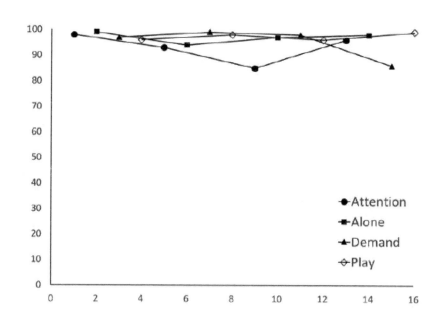

续表

5）图表 5：

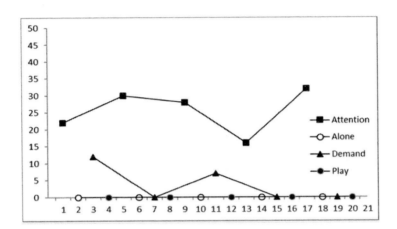

6）图表 6：

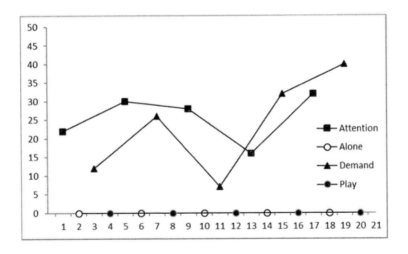

续表

7）图表 7：

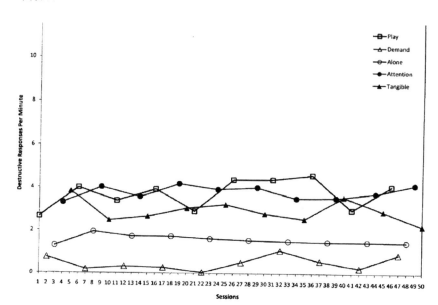

8）图表 8：

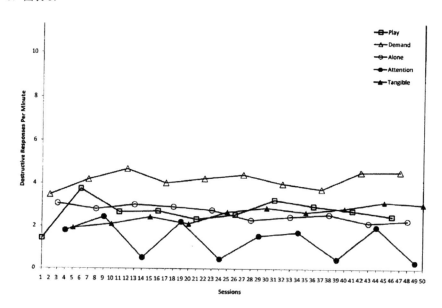

9）图表 9：

10）图表 10：

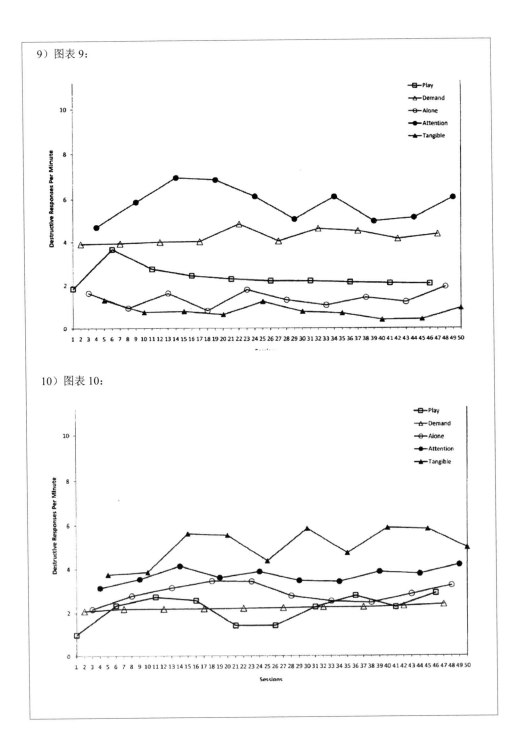

表 6.6　图表解释测试答案

1）逃避
2）逃避
3）自动强化
4）无法分辨（自动强化）
5）注意
6）逃避，注意
7）无法分辨（自动强化）
8）逃避
9）注意，逃避
10）实体物品，注意

# 管理无差别的数据

在确定要如何管理无差别的功能分析数据时，要考虑数据是否较高且无差别，还是数据较低且无差别。如果数据较高且无差别，那么这意味着尽管不同情境之间的环境有变化，行为仍高频率发生。发生这种情况的原因可能有如下几个。

## 不能区辨不同的情境

正在接受评估的参与者可能在新的依联关系或环境变化发生后，不能对这些变化进行区辨。例如，注意和游戏情境。在这两种情境中，都要将玩具呈现给儿童。如果问题行为在注意情境中高频率发生，那么临床人员就会在问题行为发生时，以口语和身体接触的形式大量地提供表扬。如果这一情境之后就是游戏情境，其中也包括类似数量的口语和躯体表扬，这两个情境对孩子来说可能没什么不同。

## 残留效应

残留效应也可能在不同情境下发生。例如，参与者可能在注意情境的前两分钟内没有表现出任何问题。然而，在最后两分钟，开始出现目标行为（如，自伤行为），并且随着时间的推移，此行为频率逐渐上升。参与者可能表现出高水平的情绪反应，甚至可能砸东西或破坏物品。之后，临床人员结束此回合，进入一个实物情境。参与者再次砸东西，出现自伤行为。考虑到参与者在注意情境中所经历的事件，这种残留被带入到实物情境中，并对自伤行为在这一情境中的频率有所影响。

## 自动强化

另一种可能性是，临床人员所操控的社会性依联关系对行为的频率没有影响。例如，想想由自动强化所维持的刻板行为，比如重复地讲话。无论临床人员在不同情境中如何调整社会要素，这种行为仍有可能发生，因为行为本身就可以产生强化物。花一点时间考虑一下，如果你遇到上述这些情况，你要怎样调整你的评估。

## 应对区辨上的挑战

参与者很难区辨不同的情境时，临床人员可以建立与不同情境相关的显眼的刺激。比如，在不同情境下临床人员可以穿不同颜色或图案的衬衫，或者在某种特定情境下戴帽子或者穿外套，而在其他情境中不戴。临床人员甚至也可以针对不同情境使用不同的治疗师，前提是需要确认没有变量与特定的人员相关，因为这种相关可能会影响反应（例如，参与者的问题行为往往是由体型较大的男性引起的）。

## 应对残留效应

进行回合内分析对残留效应而言是有帮助的。这可以通过将回合数据划分为更小的时间段，然后按照每个时间段的发生率来进行制图。例如，考虑到前面所描述的情况，临床人员发现在注意回合快结束时，反应增加了。当分析随后的实物情境时，问题行为的频率可能在开始时比较高（残留效应），但是随着回合的继续而减少。如果你以整个回合为单位绘制数据图，那频率可能是相同的。但是，当你使用回合内分析来看数据时，你就能够识别这种行为规律，并确定残留效应是在相邻情境之间发生的。如果确实存在这种规律，一种应对选择是在两个回合之间建立更长的休息时间，以便让参与者有机会安静下来。在这种情况下，清晰的区辨刺激也会有所帮助。上述当参与者在区辨情境上有困难时，这也是可提供的一种解决方案。也许参与者在社会性逃避情境中会变得焦躁不安，这可能会延续到下一个忽略情境中。用一个明确的信号向参与者预示注意马上要被移除了（如果注意是厌恶的），可能会导致该行为减少。

另一个选择是改变实验设计。不同情境的快速切换可能会导致残留效应和区辨困难，因此利用倒返设计可能会有帮助。这样的设计可以让参与者反复经历相同的依联关系。由于情境之间的转换较少，因此出现残留效应的机会也较少。

## 应对潜在的自动强化

如果你提出了问题行为不受社会性依联关系影响的假设，那么值得考虑进行一次长时间的独处/忽略情境。这包括实施一次长时间的独处/忽略回合（例如，30分钟）或多次连续较短的回合。如果问题行为是通过自动强化来维持的，那么在没有社会依联关系的情况下，行为会持续高频发生。如果是这样，你就有了自动强化的证据。

如果在延长的独处情境下，行为发生频率有所下降，尤其是降到零，那么问题行为可能是受社会因素主导的，但还有另外的因素在影响着行为，就如前面所述的那样。但你要记住一点，在长时间的独处/忽略情境中，由于对自动强化的餍足，行为可能会下降。这会是你在决定下一步行动时需要权衡的问题（例如，在第二天是重复延长的独处情境，还是将时间缩短到15分钟，以间隔更长的方式进行评估）。

## 应对低频且无差别的数据

当你实施功能分析时，有时候目标行为可能没有发生，或发生的频率很低。如果你的数据较低（甚至为零）且无差别时，这说明你在激发问题行为上遇到了困难。如果不能激发问题行为，那么就不能确定功能。出现这种情况，你需要考虑评估目前缺少哪些相关变量。对了解参与者的人进行额外的访谈，在自然环境中观察参与者可能都是好主意，也可以让其他人来确定问题行为的相关变量。

## 收集额外的信息

你要收集的信息包括了解更多关于提高强化物价值的建立型操作。例如，是什么让跑开这个行为更有价值或更没价值，是教学的节奏、教学环境中巨大的噪音，或是特定类型的任务（如，坐下学习与大运动练习相比）？

你也可以考虑是否在评估中加入一些区辨刺激，来预示有强化物的存在，或者删除一些干扰刺激（S-Delta）。例如，也许某个参与者每次从课桌转移到新环境时都要带上头盔，因为行走时有摔倒的风险。那么员工从架子上拿起头盔的动作就是向参与者发出信号，告诉他/她要去新环境这件事即将发生。如果问题行为，如自伤行为是通过逃避去新环境维持的，那么当工作人员拿起头盔时，参与者可能就会出现自伤行为。如果是这种情况，将头盔纳入评估会有帮助。或者如果某位老师或者照护者在场也是可获得强化物的一个信号，那么你可以安排这个人做治疗师。

同样需要重视的是，在评估中可能有一种刺激在抑制反应。例如，你在对评估过程录像时，摄影师和治疗师都在房间里。参与者的问题行为之前可能在有工作人员在场时被消退了，因此在这种情况下行为会被抑制。此时，可以设置一个远程操作的摄像头，只安排一个工作人员单独在房间里。只有一个工作人员在场可以作为一个区辨刺激，预示着问题行为发生时强化物是可获得的，此区辨刺激能够致使行为在当下情境中发生。

## 管理无差别数据一节中可重复使用的表单

表 6.7 管理无差别数据测验

姓名：_____　　　　日期：_____

1）功能分析数据行为频率很高且无差别的三个可能原因是什么？（3分）

2）你刚刚实施了几个时长为5分钟的标准化功能分析回合，你担心其中一个情境（例如，注意情境）的反应会影响下一个情境（例如，游戏情境）。现在你决定实施一个回合内分析，要怎么进行操作？（1分）

　　两个情境之间，什么样的行为规律能够为你的假设提供证据？（2分）

3）当使用多成分设计时，你认为一种情境中的反应影响了其他情境中的反应。那么你会在现有的功能分析中做哪些调整来减少这种可能性？你会在实验设计上做什么变化，这些变化又是怎样起作用的？

对现有功能分析的调整（1分）：

对实验设计的改变以及原因（2分）：

4）功能分析之后数据显示，在多个实验情境中行为发生频率数据都很高且无差别，你推测这个学生的目标行为可能是由自动强化维持的。

你能做些什么来进一步确认这个可能性？（1分）

什么样的数据规律能够佐证你的推测？（1分）

什么样的数据规律会推翻你的推测？（1分）

5）最近你实施了一个功能分析，但目标行为并没有在不同情境中发生。接下来你要怎么做（列举至少两个步骤）？

步骤1（1分）

步骤2（1分）

总分（满分14分）：＿＿＿＿＿＿＿＿＿＿

## 表 6.8 管理无差别数据测验答案

姓名：_____ 日期：_____

---

1）功能分析数据行为频率很高且无差别的三个可能原因是什么？（3分）

 1. 在区辨情境上有困难

 2. 残留效应

 3. 行为是由自动功能维持的

2）你刚刚实施了几个时长为5分钟的标准化功能分析回合，你担心其中一个情境（例如，注意情境）的反应会影响下一个情境（例如，游戏情境）。现在你决定实施一个回合内分析，要怎么进行操作（1分）？

 将5分钟的回合时长拆解成更小的时段（例如30秒），对这些更小的时段进行制图，来确认数据是否存在回合内的规律。

 两个情境之间，什么样的行为规律能够为你的假设提供证据（2分）？

 在注意情境中，行为频率逐步上升，或出现高且稳定的反应频率。

 在游戏情境中，一开始行为的频率很高，之后随着情境的继续行为频率呈下降趋势。

3）当使用多成分设计时，你认为一种情境中的反应影响了其他情境中的反应。那么你会在现有的功能分析中做哪些调整来减少这种可能性？你会在实验设计上做什么变化，这些变化是怎样起作用的？

 对现有功能分析的调整（1分）：

 （答出以下任意一项都对）

 1. 在情境之间加更多的时间；

 2. 使用更加显眼的刺激来预示情境发生了改变。

 对实验设计的改变以及原因（2分）：

 可以从多成分设计改为倒返设计

 这样做允许个体能够连续地体验"反应—强化"的关系，当你改变情境时，对反应的影响应该在新情境一开始时达到最高，随着新情境的持续进行，行为随时间自行减弱。减少情境之间的快速切换也有助于区辨不同的情境。

4) 功能分析之后数据显示，在多个实验情境中行为发生频率数据都很高且无差别，你推测这个学生的目标行为可能是由自动强化维持的。

你能做些什么来进一步确认这个可能性（1分）？

*实施一个延长的独自/忽略情境*

什么样的数据规律能够佐证你的推测（1分）？

*问题行为持续高频率地发生*

什么样的数据规律会推翻你的推测（1分）？

*问题行为频率的下降，特别是当降到零时（尽管个体仍有可能在无限制地接触强化物后对强化物餍足）*

5) 最近你实施了一个功能分析，但目标行为并没有在不同情境中发生。接下来你要怎么做（列举至少两个步骤）？

步骤1（1分）

*在后续步骤中收集更多相关信息：*

*1. 对工作人员再次进行采访，对个体进一步观察，目的是确认其他可能激发/满足行为的变量，*

*2. 确认在第一次功能分析中不存在或存在较弱的相关建立型操作（EO），*

*3. 确认在不存在的/不显眼的，可以预示强化物可得的区辨刺激（$S^D$），*

*4. 确认，存在的且对行为发生有抑制作用的潜在惩罚（$S^P$），或不存在但能预示惩罚物且导致由逃避功能维持的行为增加的潜在惩罚（$S^P$）。*

步骤2（1分）

*将你获得的新信息并入功能分析里：*

*1. 将相关变量并入功能分析，*

*2. 除去可能会抑制反应的刺激，*

*3. 也可以延长功能分析回合来建立EO，或者等问题行为发生后再开始功能分析回合。*

总分（满分14分）：＿＿＿＿＿＿＿＿＿

# 第七章　督导和指导

**概述**

本章叙述了功能分析培训课程的最终层级。本章包含培训后的督导，基于能力的督导实践，以及受训者的绩效管理。

**关键词**

应用行为分析；实验评价；功能分析；培训课程；受训者督导

## 培训步骤概述

在功能分析培训课程的最后一个层级，培训师要督导受训者对参与者实施功能分析中的回合。目的是确认受训者能够独立地在教学和干预的自然情境中实施他们所学的每一种功能分析方法。完成之后，学员可以获得证书以示他们成功通过了所有层级的功能分析培训课程，并能熟练地设计和实施功能分析回合。与之前的层级不同，这一层级的功能分析培训不再使用幻灯片，而是更多依赖于培训者的督导。

受训者的训练是从前分析阶段（preanalysis）开始的，首先要在工作环境中确定功能分析的参与者。在培训师的支持下，受训者要完成表 7.1 所示的实施功能分析的计划手册。通过这个材料，受训者要将精力集中在创建功能分析的几个关键必要条件上，即预先评估准备、伦理考量、方法、实验设计、测量和安排回合。受训者独立完成计划手册，随后得到培训师的反馈。同时，我们建议受训者在有培训师、临床人员和治疗师的小组会议中对自己的计划方案进行演讲。除了培训师的督导之外，这种小组形式可以向受训者提供对计划的功能分析、建议的修订和最终成果的进一步反馈。

一旦培训师批准了计划手册的内容，受训者就要按照计划指示的方法协同治疗师一起，对参与者实施功能分析。在所有的功能分析回合中，培训师都应该在场，以便对程序进行监督、讨论相关问题，并且解决意料之外的问题。培训师在功能分析的每个情境中给受训者提供实时反馈，并使用与功能分析训练课中相同的表现反馈方式。也就是说，培训者要回顾计划和实施之间的一致性，加强受训者实施评估的完整性，并根据需要对错误进行修正。

受训者在后分析阶段（postanalysis）培训表上记录功能分析的结果（即表7.2）。此表首先是一个准确反应实验设计的图表。在图表的基础之上，受训者要能够解释这些结果，并考虑可用的选项。例如，来自功能分析的数据是否足以确定行为的功能，或者因为数据无差别而需要额外进行分析？当功能分析的结果是结论性的，受训者将提出什么样的假设，来为干预决策提供依据？一般来说，这个层级的督导主要集中在受训者的数据评估和批判性思维上。

培训师完成表7.3所示的计划手册评分表，记录受训者在分析前和分析后的表现。这张表列出了培训的各个部分，以及给出一个二元的评分标准（"是或否"的评分体系），记录了"受训者是否充分地展示了所培训的内容？"当受训者获得"是"的次数达到了90%或更高时，他/她就通过了功能分析培训课程的最后一个层级。如果受训者得分低于90%，培训师则要对那些获得"否"的部分提供额外的训练，然后再重新进行评估，以确保操作能达到90%或更高的标准。

在顺利完成功能分析培训课程之后，受训者将继续接受在设计、执行和解释功能分析回合上的督导。例如，在公共服务组织中，前受训人员要与高级临床人员一起，在项目团队中承担 功能分析 的职责。这些团队成员通过观察、反馈和指导，定期检查前受训人员的表现。我们发现，这种方式能确保受过训练的人在有参与者的现实临床环境中，获得印象深刻的支持，并能进一步掌握技术方向和提高 功能分析 的技能。

在整个功能分析培训课程的最后层级，我们建议培训人按照最优实践方法，以及参考有新证据支持的程序，来监督受训者（Sellers, Alai-Rosales & MacDonald, 2016; Sellers, Valentino & LeBlanc, 2016; Turner, 2017; Turner, Fischer & Luiselli, 2016; Valentino, LeBlanc & Sellers, 2016）。具体来说，督导应该根据每个受训者的特点安排个别化的训练，并与实操需求相一致，关键要注意：

1. 在该受训者实施功能分析时直接进行观察；
2. 通过正强化和纠正的方式提供对"行为—后果"的操作反馈；
3. 根据从行为角度制定的书面核查表，来对实施的完整性进行评估。

当培训者在社会性这一层面上认可他们与学员的互动时，督导将是最能发挥效用的，特别是对培训目标、程序和结果有一定的满意度和认可度。正如本书所述，对受训者在设计和实施功能分析上的督导，必须考虑到文化差异和多样性、实际教育和干预中可用的资源，以及普遍认可的伦理准则。

最后，当受训者获得独立实施功能分析回合的能力时，培训师必须确保有足够的时间来对他们进行督导。督导的工作量不应过于繁重，否则会对受训者接受必要的观察和操作反馈产生消极影响。另外，对于一些未达到最佳效果的受训者来说，可能需要增加培训师督导的频率和时长。因此培训师应适当调整自己的日程安排，以便有时间进行额外的督导。

## 第六层级的培训步骤

1. 培训师指导受训者完成实施功能分析的计划手册。
2. 培训师监督学员实施功能分析。
3. 受训者在后分析阶段培训表上记录功能分析结果。
4. 培训师完成计划手册评分表。
5. 培训后继续对学员进行监督。

## 通过第六层级的标准

在计划手册评分表上获得 90 或更高的评分。

# 本章提及的表格和表单

## 表 7.1　实施功能分析的计划手册

受训者姓名：＿＿＿＿＿＿　　　培训师姓名：＿＿＿＿＿＿

参与者姓名：＿＿＿＿＿＿　　　目标行为：＿＿＿＿＿＿　　　日期：＿＿＿＿＿＿

目标行为的操作定义：

### 分析前评估

1. 你会选择哪种形式来指导访谈？

2. 你在分析前评估时会采访哪些人？

3. 你是否有任何其他信息来进一步充实分析前评估的内容（例如，描述性分析、以前的功能分析结果）？如果有，请在下面说明，如果没有，请写不适用。

4. 哪些可能是激发目标行为的前因条件？

5. 哪些区辨刺激（$S^D$）或建立型操作表明了问题行为的强化物是可获得的，或增加了强化物的价值继而增加了问题行为发生的可能性？

$S^D$：

建立型操作：

6. 你假设的维持问题行为的后果是什么？

## 伦理考量

请列出你根据预先评估的信息考虑到的伦理问题。你将把哪些保障措施纳入功能分析中以尽量减少参与者可能经历的伤害和不适？

1. 计划的评估会有哪些安全风险？

1）

2）

3）

2. 伦理担忧

1）

2）

3）

3. 安全措施

1）

2）

## 方法

根据你在访谈中收集到的信息和对学生的观察，你选择使用哪种功能分析方法？

方法：

理由：

## 实验设计

你选择哪种实验设计？是什么影响了你的决定？

设计：

理由：

## 测量

你选择什么测量系统？为什么你认为它对你的功能分析来说是最好的系统（请附上数据记录表）？

测量系统：

理由：

## 安排实施功能分析

在你设计的评估计划获得批准之后，在下面的区域内，确定你在未来两周内可以进行功能分析回合的日期和时间。请至少提前 48 小时通知你的指导老师，并确保他或她能在最后确定的时间之前有空观察这个评估过程。这一模块的目标是能够在高效的时间框架内进行功能分析。

| | |
|---|---|
| 受训人签名 | 培训人签名 |

## 表 7.2　后分析阶段培训表

受训者姓名：＿＿＿＿＿＿　培训师姓名：＿＿＿＿＿＿

参与者姓名：＿＿＿＿＿＿　目标行为：＿＿＿＿＿＿　日期：＿＿＿＿＿＿

**图表**

请在下面画出功能分析的图表：

基于图表的结果，你能确定一个功能吗？如果可以，给问题行为假设的功能是什么？

如果你得到的数据不可区辨，下一步要怎么做？（当你决定实施新的功能分析时，请再一次填写此表）

基于以上结果，你建议采取什么干预措施来处理目标行为？提供什么功能相同的替代反应？在下方写下该措施的名称，在实施过程中需要遵守确切程序的技术性描述，并解释这些程序是如何符合系统概念化（conceptually systematic）。干预计划中所有的部分都需要这么做。

＿＿＿＿＿＿＿＿＿＿＿＿＿　　＿＿＿＿＿＿＿＿＿＿＿＿＿

受训人签名　　　　　　　　　　培训人签名

## 表 7.3　计划手册评分表

受训者姓名：_____　培训师姓名：_____

参与者姓名：_____　目标行为：_____　日期：_____

| 训练内容 | 受训者是否充分展示了所培训的内容 | | 点评 |
|---|---|---|---|
| **访谈过程** | | | |
| 受训人选了恰当的访谈表，并采访了相关的工作人员/照护者 | 是 | 否 | |
| 确认问题行为发生前的前事情境 | 是 | 否 | |
| 确认相关的 $S^D$ | 是 | 否 | |
| 确认相关的建立型操作 | 是 | 否 | |
| 所描述的后果与上述确定的前因情境、$S^D$、建立型操作相吻合 | 是 | 否 | |
| **伦理考量** | | | |
| 了解并确认与目标行为有关的潜在安全风险 | 是 | 否 | |
| 充分描述了伦理方面的担忧 | 是 | 否 | |
| 充分描述了对学生的保障措施 | 是 | 否 | |
| **方法** | | | |
| 基于访谈中获得的信息，受训者选择的方法是否合理？ | 是 | 否 | |
| 选择该方法的理由是否充分？ | 是 | 否 | |
| **实验设计** | | | |
| 基于访谈中的信息，受训者选择的实验设计是否有意义？ | 是 | 否 | |
| 选择该实验设计的理由是否充分？ | 是 | 否 | |
| **测量系统** | | | |
| 基于访谈中的信息，受训者选择的测量系统是否有意义？ | 是 | 否 | |
| 选择该测量系统的理由是否充分？ | 是 | 否 | |
| **绘制图表** | | | |
| 正确命名图表的坐标轴 | 是 | 否 | |
| 有情境名称或图例 | 是 | 否 | |

续表

| 训练的各个部分 | 受训者是否充分地展示所培训的内容 | 点评 |
|---|---|---|
| 遵循以下的制图惯例：<br>● 倒返设计包含情境改变线，数据线不穿越情境改变线<br>● 多成分设计中为每一个功能分析情境设置不同的标记<br>● 基于回合的图表在测试和控制情境中有不同的规律 | 是　　　　否 | |
| **解释图表** | | |
| 受训者是否通过图表，或经过准确考虑的无差别的数据，确认了正确的功能？ | 是　　　　否 | |
| 数据无差别且不可区辨的情况下，受训者正确的指出了接下来的步骤 | 是　　　　否 | |
| **干预** | | |
| 所描述的干预与功能分析中确认的功能相匹配 | 是　　　　否 | |
| 受训者所描述的干预包含减少目标行为的恰当步骤 | 是　　　　否 | |
| 受训者所描述的干预包含增加一个功能相同的替代行为的恰当步骤 | 是　　　　否 | |
| 所描述的干预是具有技术性的（所有的依联关系经过详细叙述，所有步骤都清楚描述） | 是　　　　否 | |
| 所描述的干预是概念系统化的（干预可以用应用行为分析的原则和步骤来理解） | 是　　　　否 | |

计分：把所有选"是"的选项相加，然后除以 23（如果数据并非无差别）或 24（数据是无差别的）。对于无差别的数据，通过标准的总分要高一个单位，因为学员需要进一步描述他们如何管理这些数据。

总分（必须高于 90 分才能通过培训）

_____　　　　_____

受训者签名　　　　　　　　　　　　　培训师签名

# 关于作者

詹姆斯·T·乔克（James T. Chok, PhD., BCBA-D），执照心理学家，神经心理学家。乔克博士在北卡罗来纳大学格林斯伯分校获得博士学位，并在哈佛医学院的麦克莱恩医院完成了 1 年的实习和 2 年的神经心理学博士后奖学金。乔克博士曾担任 Melmark 机构宾夕法尼亚州分部临床服务高级主管，该机构收治孤独症谱系障碍、智力障碍和有严重问题行为的患者。他在西切斯特拥有一家私人诊所，专门从事强迫症、恐慌症和其他焦虑症的诊断评估和治疗。乔克博士曾担任国际强迫症基金会新罕布什尔分会的副主席，目前是宾夕法尼亚行为分析协会的主席。

吉尔·M·哈珀（Jill M. Harper, PhD., BCBA-D, LBA），是 Melmark 机构新英格兰分部的专业发展、临床培训和研究主任，并在埃迪柯特学院担任兼职讲师。她的研究方向包括严重行为障碍的评估与治疗、行为改变的机制和组织行为管理。哈珀博士在几家同行评议的期刊上发表过研究成果，如《应用行为分析期刊》和《发育与躯体残疾期刊》，并定期在区域和国家级会议上进行演讲。

玛丽·简·韦斯（Mary Jane Weiss, PhD., BCBA-D, LBA），执照临床心理学家。她是埃迪柯特学院应用行为分析项目的主任，管理 ABA 学位的硕士、博士和孤独症项目。同时她在 Melmark 机构担任高级研究总监的职务。韦斯博士经常在国家级会议上发表关于 ABA 及其在孤独症干预应用的文章。她是孤独症科学治疗协会的理事成员，是剑桥行为研究中心的顾问，是孤独症研究组织的科学委员，是新泽西州孤独症组织的专业咨询委员会委员，也是 ABA 伦理热线定期的撰稿人。

弗兰克·L·伯德（Frank L. Bird, MEd, BCBA），是 Melmark 机构的副总裁和首席临床官。他担任该职位十二年，主要职责包括发展和监督 Melmark 的临床基础、确保各个分部的实践完整性、建立临床资源、指导年轻的临床人员和教师以及对组织和临床提升进行战略规划。他于 2000 年获得认证行为分析师执照，在马萨诸塞州和宾夕法尼亚州的社区环境中实践应用行为分析达 40 年。他在为患有孤独症、后天脑损伤、双重诊断和精神疾病的儿童和成人提供问题行为的干预上有着丰富的经验。他的能力包括临床设计、员工发展、研究和培训、项目开发以及系统分析。在他的职业生涯中，弗兰克负责开发了 80 多个支持残障人士的项目。

詹姆斯·K·路易塞利（JamesK. Luiselli，EdD，BCBA-D），是一名执照心理学家，认知与行为心理学的宣传人，认证应用行为分析师。他目前担任 Melmark 机构新英格兰分部的临床开发和研究主任，以及威廉姆詹姆斯学院临床心理系的兼职讲师。路易塞利博士在应用行为分析、组织行为管理、实操提升、专业培训和临床实践领域共出版了 16 本图书、参与了 50 本图书的撰写和发表了 260 多篇期刊文章。他是期刊《儿童与家庭研究》的副编辑，同时也担任其他几家期刊的编辑委员会成员，如《儿童教育与治疗》《发育与身体残疾期刊》《神经发育障碍进展》和《正念》。

---

**注意**

本书涉及领域的知识和实践标准在不断变化。新的研究和经验拓展我们的理解，因此须对研究方法、专业实践或医疗方法作出调整。从业者和研究人员必须始终依靠自身经验和知识来评估和使用本书中提到的所有信息、方法、化合物或本书中描述的实验。在使用这些信息或方法时，他们应注意自身和他人的安全，包括注意他们负有专业责任的当事人的安全。在法律允许的最大范围内，爱思唯尔、译文的原文作者、原文编辑及原文内容提供者均不对因产品责任、疏忽或其他人身或财产伤害及/或损失承担责任，亦不对由于使用或操作文中提到的方法、产品、说明或思想而导致的人身或财产伤害及/或损失承担责任。

**图书在版编目（CIP）数据**

功能分析应用指南：从业人员培训指导手册/（美）詹姆斯·T.乔克 (James T. Chok) 等著；蒋天，袁满译. --北京：华夏出版社有限公司，2023.2

书名原文：Functional Analysis: A Practitioner's Guide to Implementation and Training

ISBN 978-7-5222-0167-2

Ⅰ. ①功… Ⅱ. ①詹… ②蒋… ③袁… Ⅲ. ①因子分析 Ⅳ. ①O212.1

中国版本图书馆 CIP 数据核字(2022)第 206673 号

北京市版权局著作权合同登记号：图字 01-2022-1590 号

**功能分析应用指南：从业人员培训指导手册**

| | | |
|---|---|---|
| 作 者 | [美] 乔克 [美]哈珀 [美]韦斯 [美]伯德 [美]路易塞利 | |
| 译 者 | 蒋 天 袁 满 | |
| 责任编辑 | 许 婷 马佳琪 | |
| | | |
| 出版发行 | 华夏出版社有限公司 | |
| 经 销 | 新华书店 | |
| 印 装 | 三河市少明印务有限公司 | |
| 版 次 | 2023 年 2 月北京第 1 版 | 2023 年 2 月北京第 1 次印刷 |
| 开 本 | 720×1030 1/16 开 | |
| 印 张 | 8 | |
| 字 数 | 70 千字 | |
| 定 价 | 68.00 元 | |

**华夏出版社有限公司** 地址：北京市东直门外香河园北里 4 号 邮编：100028
网址：www.hxph.com.cn 电话：（010）64663331（转）
若发现本版图书有印装质量问题，请与我社营销中心联系调换。